Python
期货量化交易实战

鄢士昌 刘承彦 著
席松鹤 改编　　王海平 审校

人民邮电出版社
北京

图书在版编目（CIP）数据

Python期货量化交易实战 / 鄢士昌，刘承彦著. --
北京：人民邮电出版社，2020.2
ISBN 978-7-115-52696-0

Ⅰ．①P… Ⅱ．①鄢… ②刘… Ⅲ．①软件工具－程序
设计 Ⅳ．①TP311.561

中国版本图书馆CIP数据核字(2019)第267692号

版权声明

原著书名《Python：期货演算法交易事务 121 个关键技巧详解》
本书中文繁体版本版权由台湾博硕文化股份有限公司（DrMaster Press Co., Ltd）获作者鄢士昌、刘承彦授权独家出版发行，中文简体版本版权由博硕文化股份有限公司（DrMaster Press Co., Ltd）获作者同意授权人民邮电出版社有限公司独家出版发行。

- ◆ 著　　　鄢士昌　刘承彦
  改　编　席松鹤
  审　校　王海平
  责任编辑　胡俊英
  责任印制　王　郁　焦志炜
- ◆ 人民邮电出版社出版发行　北京市丰台区成寿寺路 11 号
  邮编　100164　电子邮件　315@ptpress.com.cn
  网址　http://www.ptpress.com.cn
  北京七彩京通数码快印有限公司印刷
- ◆ 开本：800×1000　1/16
  印张：13.25　　　　　2020 年 2 月第 1 版
  字数：300 千字　　　2025 年 1 月北京第 17 次印刷
  著作权合同登记号　图字：01-2018-3405 号

定价：59.00 元
读者服务热线：(010)81055410　印装质量热线：(010)81055316
反盗版热线：(010)81055315
广告经营许可证：京东市监广登字20170147号

内容提要

如今，要想在企业和投资金融领域保持竞争力，只是精通电子表格和计算器已经远远不够，传统工具和数据集已经无法满足我们的需要。本书将用 Python 编程来解决期货量化交易的问题，并通过 110 多个技巧介绍实际的解决方案。

本书基于台湾期货交易所的案例进行讲解，从数据分析的角度切入，以技巧的形式深入数据背后，让读者从基本的期货交易规则开始，了解相关的技术指标，并能够熟练使用 Python 编程走上量化交易之路。

本书既适合期货领域的从业人员学习，也适合想进入金融领域的程序员参考。

序言 1

　　Python 是一种面向对象的解释型语言，具备优异的运算能力与执行性能，以及多样的扩展类库，是编写量化交易程序常用的语言之一。由于操作简单、易于上手，Python 已成为程序交易切入的方便工具。

　　量化交易将主观交易的想法具体量化，也就是写成明确的规则，并转为程序语言。一般交易者往往无法明确地提供量化的规则，而程序员对于金融交易普遍陌生，无法深入交易的业务领域。再者，多数交易者使用看盘软件，采用规范的图表与统计后的数据，对交易所原始的报价往往不知该如何处理。因此，量化交易是结合金融交易、程序设计与数据分析三大领域的新兴产业，进入的门槛较高。

　　鉴于此，我们从数据分析的角度切入，以一个个的示例让读者了解概念，并帮助他们照着案例实操，由最基本的期货交易规则开始，逐步切入程序设计来计算技术指标，进而进行历史回测，最后通过下单函数进行程序交易。本书旨在通过案例的逐步演练，降低学习的门槛，带领读者进入程序交易的殿堂。

　　本书使用 Python 作为程序开发的语言。书中的内容均可实操，并且搭配下单程序，可连接群益期货进行实盘交易。

　　最后，由于本人所知有限，虽求尽善尽美，但书中疏误之处在所难免，恳请读者不吝指正。

酆士昌

序言 2

本书介绍由 Python 编写的程序化交易解决方案。程序化交易涉及多个领域的专业技能，单是财经或信息领域已很难完全掌握，因此本书提供了一些交易的观念和方法，让读者可以迅速地切入程序化交易实操。

就解释型语言来说，Python 拥有出色的运算效率，也有丰富的第三方类库，在许多应用领域都有出色的解决方案，是一款值得大家学习的程序设计语言。

就程序化交易来说，它的优势是能够克服人性的缺点。在交易中，人性的弱点是很难被忽略的，如贪婪、恐惧、陶醉等，这些都是阻碍稳定交易的因素。程序往往可以克服这些缺点，从中找出一套好的交易模型，并且将风险控制在可接受范围内，产生令人满意的交易。此外，程序化交易也能解决投资人花费大量时间追踪盘势的现状，以往每天需要花费数小时盯盘，现在只要确定程序正常运行，就可以稳定地进行交易。

最后，谢谢我的父母，他们总是给我鼓励；感谢各位朋友、亲戚的支持；感谢我的良师兼益友酆士昌，他伴随着我成长，甚至改变了我的人生道路。

刘承彦

资源与支持

本书由异步社区出品，社区（https://www.epubit.com/）为您提供相关资源和后续服务。

配套资源

本书提供配套资源，请在异步社区本书页面中点击 配套资源 ，跳转到下载界面，按提示进行操作即可。注意：为保证购书读者的权益，该操作会给出相关提示，要求输入提取码进行验证。

提交勘误

作者和编辑尽最大努力来确保书中内容的准确性，但难免会存在疏漏。欢迎您将发现的问题反馈给我们，帮助我们提升图书的质量。

当您发现书中错误时，请登录异步社区，按书名搜索，进入本书页面，点击"提交勘误"，输入勘误信息，点击"提交"按钮即可。本书的作者和编辑会对您提交的勘误进行审核，确认并接受后，您将获赠异步社区的100积分。积分可用于在异步社区兑换优惠券、样书或奖品。

扫码关注本书

扫描下方二维码,您将会在异步社区微信服务号中看到本书信息及相关的服务提示。

与我们联系

我们的联系邮箱是 contact@epubit.com.cn。

如果您对本书有任何疑问或建议,请您发邮件给我们,并请在邮件标题中注明本书书名,以便我们更高效地做出反馈。

如果您有兴趣出版图书、录制教学视频,或者参与图书翻译、技术审校等工作,可以发邮件给我们;有意出版图书的作者也可以到异步社区在线提交投稿(直接访问 www.epubit.com/selfpublish/submission 即可)。

如果您是学校、培训机构或企业,想批量购买本书或异步社区出版的其他图书,也可以发邮件给我们。

如果您在网上发现有针对异步社区出品图书的各种形式的盗版行为,包括对图书全部或部分内容的非授权传播,请您将怀疑有侵权行为的链接发邮件给我们。您的这一举动是对作者权益的保护,也是我们持续为您提供有价值的内容的动力之源。

关于异步社区和异步图书

"**异步社区**"是人民邮电出版社旗下 IT 专业图书社区,致力于出版精品 IT 技术图书和相关学习产品,为作译者提供优质出版服务。异步社区创办于 2015 年 8 月,提供大量精品 IT 技术图书和电子书,以及高品质技术文章和视频课程。更多详情请访问异步社区官网 https://www.epubit.com。

"**异步图书**"是由异步社区编辑团队策划出版的精品 IT 专业图书的品牌,依托于人民邮电出版社近 30 年的计算机图书出版积累和专业编辑团队,相关图书在封面上印有异步图书的 LOGO。异步图书的出版领域包括软件开发、大数据、AI、测试、前端、网络技术等。

异步社区

微信服务号

目　　录

第 1 章　Python 的基本语法 ……………… 1

技巧 1　【概念】Python 的诞生与
发展 ………………………………… 1

技巧 2　【操作】安装 Python 的基本
环境 ………………………………… 2

技巧 3　【操作】Python 语言的基本
操作 ………………………………… 5

技巧 4　【操作】执行 Python 语言的
方式 ………………………………… 6

技巧 5　【操作】Python 的基本
运算与数学函数 …………………… 9

技巧 6　【操作】基本变量的使用 …… 16

技巧 7　【操作】元组、列表与
字典的应用 ………………………… 18

技巧 8　【操作】使用 Python 的
第三方库 …………………………… 26

技巧 9　【操作】字符串处理的
应用 ………………………………… 27

技巧 10　【操作】时间函数应用 …… 30

技巧 11　【程序】文档的读取与
写入 ………………………………… 33

技巧 12　【操作】MySQL 数据库的
基本操作 …………………………… 34

技巧 13　【程序】使用 Python
访问 MySQL ……………………… 37

技巧 14　【操作】数据的分割与
合并 ………………………………… 39

技巧 15　【程序】判断表达式与
示例 ………………………………… 41

技巧 16　【程序】循环语句与示例 …… 43

第 2 章　建立自己的工具函数 …………… 49

技巧 17　【概念】建立函数的
方法 ………………………………… 49

技巧 18　【程序】在函数库中建立
多个函数 …………………………… 50

技巧 19　【概念】了解时间格式 …… 51

技巧 20　【程序】时间转换秒数
函数 ………………………………… 54

技巧 21　【程序】秒数转换时间
函数 ………………………………… 55

技巧 22　【程序】固定时间内的
高开低收量 ………………………… 55

技巧 23 【程序】获取指定时间的
价格与数量……56
技巧 24 【程序】计算移动平均
价格……57

第 3 章 Python 的图表绘制……59

技巧 25 【操作】安装绘图包……59
技巧 26 【概念】折线图与 MA 的
关联性……60
技巧 27 【程序】绘制价格折线图……61
技巧 28 【程序】绘制一个与 MA
重叠的图表……63
技巧 29 【概念】委托档的意义与
用法……65
技巧 30 【程序】价格折线和委托
总量差图……65
技巧 31 【程序】绘制委托
比重线图……68
技巧 32 【程序】绘制价格线图和
量能图……70
技巧 33 【概念】上下五档的含义与
量能变化……72
技巧 34 【程序】绘制上下五档的
量能分布表……73
技巧 35 【程序】绘制上下五档
平均价格走势图……75
技巧 36 【概念】K 线图的解读……76
技巧 37 【程序】绘制 K 线图……77
技巧 38 【程序】绘制价格和
点位图表……82
技巧 39 【程序】绘制绩效图表……84

第 4 章 进行历史回测……86

技巧 40 【概念】认识历史回测……86

技巧 41 【概念】回测算法架构……86
技巧 42 【概念】建立回测流程……87
技巧 43 【概念】即时算法回放
回测……94
技巧 44 【概念】时间单位不同的差异
……94
技巧 45 【程序】固定时间买进卖出回
测……96
技巧 46 【程序】顺势交易回测……98
技巧 47 【程序】MA 交叉买进卖出回
测……99
技巧 48 【程序】绘制价格走势图并标
上买卖点……102

第 5 章 设计自己的指标函数……104

技巧 49 【概念】何谓指标函数……104
技巧 50 【概念】定义输入及输出……104
技巧 51 【程序】获取即时报价
咨询……105
技巧 52 【程序】计算每分钟的
高开低收价……107
技巧 53 【程序】计算每分钟的
累计量……109
技巧 54 【程序】计算买卖方
每笔平均成交手数……110
技巧 55 【概念】了解内外盘的
含义……111
技巧 56 【程序】计算内外盘总量……112
技巧 57 【程序】计算内外盘比率……113
技巧 58 【程序】计算买卖方委托
总量……114
技巧 59 【程序】计算买卖方委托
平均量……115

技巧 60	【程序】计算动态委托量变化	116
技巧 61	【程序】计算上下五档平均成本	117
技巧 62	【程序】计算价格 MA 指标	119
技巧 63	【程序】计算量 MA 指标	120
技巧 64	【程序】计算每分钟价格变化趋势	122
技巧 65	【程序】计算固定 tick 数高开低收价	123
技巧 66	【程序】计算大户指标	124

第 6 章 判断涨跌的趋势 127

技巧 67	【概念】趋势的发生与判断	127
技巧 68	【概念】趋势交易与顺势交易	128
技巧 69	【程序】时间区段价格走势	128
技巧 70	【程序】多点查看委托量比重	129
技巧 71	【程序】多区段查看委托量变化	131
技巧 72	【程序】查看买卖平均成交手数	132
技巧 73	【程序】查看内外盘总量	133
技巧 74	【程序】大户指标趋势判断	135

第 7 章 规划进场的时机 137

技巧 75	【概念】何谓进场	137
技巧 76	【概念】进场点及成交价	137
技巧 77	【概念】趋势交易和顺势交易的进场区别	138
技巧 78	【概念】如何通过 Python 进行实盘委托	138
技巧 79	【程序】固定时间进场	139
技巧 80	【程序】价格穿越 MA 进场	140
技巧 81	【程序】MA 快线追慢线进场	142
技巧 82	【程序】MA 第二次穿越进场	143
技巧 83	【程序】MA 延迟进场第二次穿越进场	146
技巧 84	【程序】上下穿越高低点顺势进场	148
技巧 85	【程序】上下穿越高低点加上高低点区间顺势进场	151
技巧 86	【程序】大户指标触发进场	153

第 8 章 设置出场及止损获利的条件 156

技巧 87	【概念】何谓出场	156
技巧 88	【程序】价格止损与获利	157
技巧 89	【程序】价格回跌获利出场	158
技巧 90	【程序】MA 穿越价格出场	159
技巧 91	【程序】MA 慢线追过快线出场	160
技巧 92	【程序】委托比重反转出场	162

- 技巧 93 【程序】委托量抽单出场 ········ 163
- 技巧 94 【程序】内外盘量反转出场 ········ 164
- 技巧 95 【程序】一分钟爆量出场 ···· 165
- 技巧 96 【程序】大户指标反转出场 ········ 168

第 9 章 连接券商的即时报价与下单函数 ········ 170

- 技巧 97 【概念】程序交易流程 ····· 170
- 技巧 98 【概念】交易所解释信息 ········ 171
- 技巧 99 【概念】获取报价的方式 ········ 172
- 技巧 100 【概念】实盘交易算法与回测算法差异 ········ 174
- 技巧 101 【概念】下单参数介绍 ···· 175
- 技巧 102 【概念】实盘委托的市场机制 ········ 176
- 技巧 103 【程序】完整下单函数介绍 ········ 178
- 技巧 104 【程序】发送市价委托函数 ········ 179
- 技巧 105 【程序】发送限价委托函数 ········ 180
- 技巧 106 【程序】获取单笔委托明细 ········ 181
- 技巧 107 【程序】撤销委托函数 ···· 182
- 技巧 108 【概念】认识交易命令 ···· 183
- 技巧 109 【程序】限价单到期转市价单 ········ 184
- 技巧 110 【程序】限价单到期撤单 ········ 185

第 10 章 实盘交易与账务管理 ········ 187

- 技巧 111 【程序】固定时间买进卖出策略 ········ 187
- 技巧 112 【程序】顺势交易策略（海龟策略） ········ 189
- 技巧 113 【程序】MA 交叉买进卖出策略 ········ 192
- 技巧 114 【概念】何谓账务 ····· 195
- 技巧 115 【程序】获取总委托明细 ········ 196
- 技巧 116 【程序】获取未平仓明细 ········ 196
- 技巧 117 【程序】获取权益数 ······ 197

第 1 章
Python 的基本语法

Python 是一款非常流行的程序语言，广泛地应用于各个领域，并与其他语言、数据库或信息队列有良好的交互方式。Python 本身是解释型的语言，运行效率非常高。用 Python 编写交易程序，必须先从基础的语法开始学习。

Python 与一般编程语言不同的地方在于，一般编程语言通过括号来定义代码块，而 Python 是通过缩进来定义代码块。

技巧 1 【概念】Python 的诞生与发展

Python 是一款解释型[①]的开源编程语言，并且有完整的函数库。Python 的应用领域相当广泛，一般常见的应用都可以用 Python 解决。基于上述原因，加上运行效率高等优势，Python 成为广泛使用的程序语言。

Python 的创始人 Guido van Rossum 一开始为了打发时间而开发了一款脚本语言，当时是以 ABC 语言为模板的，但 ABC 语言并不普及（因为它并非开源的程序语言）。为了避免发生类似的问题，Guido van Rossum 开发了 Python，并且将 Python 与其他语言（包括 C 语言）做了完美的结合。

直至今日，Guido van Rossum 仍然决定着 Python 的整体发展。Python 可以被简单地定义为脚本语言，就像 shell 脚本这种 Linux 平台下的解释型语言一样，但实际上 Python 已应用于许多大规模的软件开发中，例如 Google 的搜索引擎。

Python 另一个强大的特点在于它的可扩展特性。Python 并不是将所有功能都集中在标

---

① 高级语言和低级语言是对计算机而言的名词：低级语言接近机器语言，计算机易懂而人们难学；高级语言则相反，人们容易学习但计算机需要花更多时间理解处理。因此，高级语言容易入门，但处理性能较差。

准库中，它还拥有相当丰富的工具、API 以及第三方类库，也可以通过 C 语言来开发扩展模块。

技巧 2 【操作】安装 Python 的基本环境

本技巧将介绍如何在 Windows 操作系统上安装 Python。本书以 Python 3.7 版本为例介绍其安装过程。

步骤 01 在 Python 官方网站中的 Windows 下载专区，单击下载“Latest Python 3 Release – Python3.7.3”[①]，如图 1-1 所示。

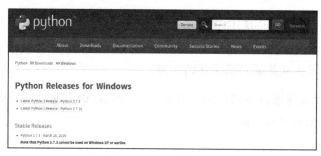

图 1-1

步骤 02 进入下载页面后，选择 32 位或 64 位的 Python 进行下载，如图 1-2 所示。

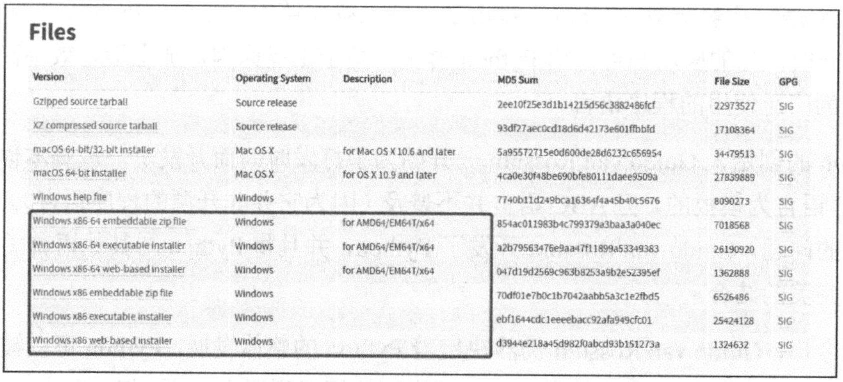

Files

Version	Operating System	Description	MD5 Sum	File Size	GPG
Gzipped source tarball	Source release		2ee10f25e3d1b14215d56c3882486fcf	22973527	SIG
XZ compressed source tarball	Source release		93df27aec0cd18d6d42173e601ffbbfd	17108364	SIG
macOS 64-bit/32-bit installer	Mac OS X	for Mac OS X 10.6 and later	5a95572715e0d600de28d6232c656954	34479513	SIG
macOS 64-bit installer	Mac OS X	for OS X 10.9 and later	4ca0e30f48be690bfe80111daee9509a	27839889	SIG
Windows help file	Windows		7740b11d249bca16364f4a45b40c5676	8090273	SIG
Windows x86-64 embeddable zip file	Windows	for AMD64/EM64T/x64	854ac011983b4c799379a3baa3a040ec	7018568	SIG
Windows x86-64 executable installer	Windows	for AMD64/EM64T/x64	a2b79563476e9aa47f11899a53349383	26190920	SIG
Windows x86-64 web-based installer	Windows	for AMD64/EM64T/x64	047d19d2569c963b8253a9b2e52395ef	1362888	SIG
Windows x86 embeddable zip file	Windows		70df01e7b0c1b7042aabb5a3c1e2fbd5	6526486	SIG
Windows x86 executable installer	Windows		ebf1644cdc1eeeebacc92afa949cfc01	25424128	SIG
Windows x86 web-based installer	Windows		d3944e218a45d982f0abcd93b151273a	1324632	SIG

图 1-2

步骤 03 当下载完成后，启动安装程序，选中“Install for all users”单选项，单击“Customize installation”按钮，如图 1-3 所示。

① 本书提供的源码既可以在 Python 2.7 上运行，也可以在 Python 3.7 上运行。——译者注

步骤 04　设置路径为"C:\Python37",并单击"Install"按钮,如图 1-4 所示。

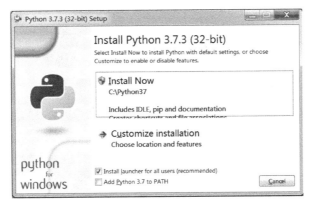

图 1-3

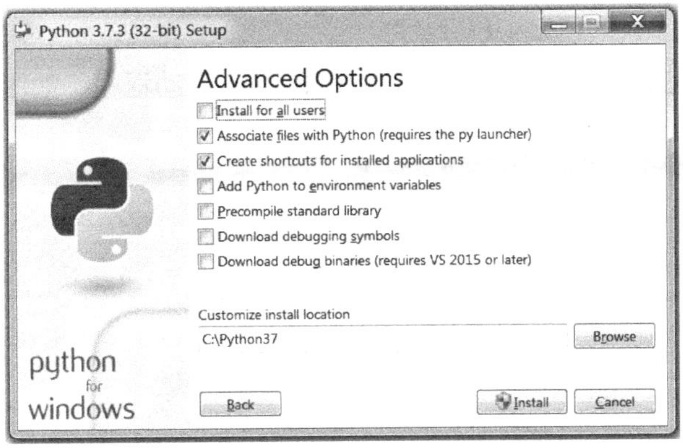

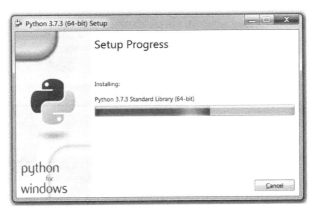

图 1-4

步骤 05　Python 的安装进度界面如图 1-5 所示。

图 1-5

步骤 06 安装完成后,单击"Close"按钮,如图 1-6 所示。

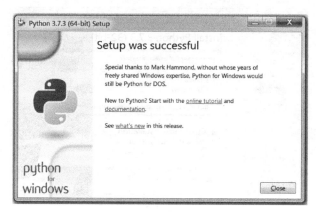

图 1-6

步骤 07 安装完成后,在安装路径下会有 Python 启动程序,如图 1-7 所示。

图 1-7

步骤 08 在"开始"菜单中,也有 Python 启动的快捷方式。选择"IDLE(Python 3.7 64-bit)",如图 1-8 所示。

步骤 09 打开 IDLE(Python GUI)启动程序,如图 1-9 所示。

在 Python GUI 与 Windows CMD 中启动 Python 的差别在于，Python GUI 提供的功能选项较多，因此若通过 Python GUI 开发，将有更多的选项可供使用。

图 1-8

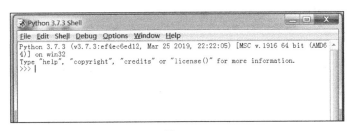

图 1-9

技巧 3 【操作】Python 语言的基本操作

Python 在 Windows 中提供了 Python.exe 启动程序，用户可以直接通过该启动程序编写程序代码。下面介绍 Python 的基本操作。

1．启动 Python

启动 Python 有两种方式：双击 Python 启动程序图标，弹出 Python 的命令窗口；或者在 Windows CMD 中执行 Python，直接进入 Python 的命令窗口。

通过双击 Python 启动程序（或 Python GUI）图标，打开 Python 命令窗口，即可在命令窗口中使用 Python，可参考**技巧 2** 的介绍。

接着，在 Windows CMD 中执行 Python，进入 Python 的安装路径，执行过程如下：

```
C:\Python37>python
Python 3.7.3 (v3.7.3:ef4ec6ed12, Mar 25 2019, 22:22:05) [MSC v.1916 64 bit (AMD64)] on win32
Type "help", "copyright", "credits" or "license" for more information.
>>>
```

每次启动 Python 都要切换目录相当麻烦，所以可以将 Python 的安装路径设置到默认的环境变量中，这样 Python 启动程序在任何路径下都可以直接被执行，设置环境变量的详细步骤可以参考**技巧 4**。

2．退出 Python

退出 Python 的方式有两种：一种是通过 Windows 的组合键 Ctrl+C 直接退出，另外一种是通过 exit 函数来退出。下面分别介绍这两种方法。

在 Python GUI 中通过 Windows 组合键 Ctrl+Z 来关闭 Python：

```
>>>
^Z
C:\Python37>
```

在 Python GUI 或 Python 的命令窗口中通过 exit()函数或 quit()函数来关闭 Python：

```
>>> exit()

C:\Python37>
```

技巧 4 【操作】执行 Python 语言的方式

Python 属于解释型的程序设计语言，不需要编译，只需通过 Python 执行程序翻译给系统执行。执行 Python 有以下两种方式。

- 直接通过 Python 命令窗口来编写程序代码。
- 编写 ".py" 文档，然后执行 Python 指令来启用。

其中，第二种方式又分为两种用法。Python 提供了 Python、Pythonw 两种执行文档，两者的差异在于：Python 文档会显示当前程序所应该显示的结果；而 Pythonw 文档则不会显示出当前程序应该显示的结果，属于无声执行，适用于常驻程序。

这两种方式都通过 Windows CMD 来执行，但若每次执行都必须切换目录至安装路径则十分麻烦，因此本技巧先介绍设置环境变量的方法。

- 通过 set 命令，可以暂时设置环境变量，关机后则会失效。
- 手动进入系统设置环境变量，永久生效。

下面依次介绍两种设置环境变量的方法。

1．通过 set 命令设置环境变量

首先，我们要了解设置的是 PATH 环境变量，可以通过 Windows CMD 直接设置。

设置方式是通过命令 set 来进行，每个路径用英文分号 ";" 区分，然后将 Python 安装路径加在最后面，命令如下：

```
set PATH=%PATH%;"python 安装路径"
```

设置过程如下:

```
C:\Python37>set PATH=%PATH%;"C:\Python37"
```

设置完成后,接着运行查询指令"set Path",若设置成功,则安装路径会出现在整个环境变量的结尾,如下所示:

```
C:\Python37>set Path
Path=c:\Rtools\bin;c:\Rtools\mingw_32\bin;C:\Windows\system32;C:\Windows;C:\
Windows\System32\Wbem;C:\Windows\System32\WindowsPowerShell\v1.0\;C:\Program Files
 (x86)\NVIDIA Corporation\PhysX\Common;C:\WINDOWS\system32;C:\WINDOWS;C:\WINDOWS\
System32\Wbem;C:\WINDOWS\System32\WindowsPowerShell\v1.0\;C:\Program Files\R\
R-3.4.1\bin;C:\Users\jack\AppData\Local\Microsoft\WindowsApps;C:\Python37;
PATHEXT=.COM;.EXE;.BAT;.CMD;.VBS;.VBE;.JS;.JSE;.WSF;.WSH;.MSC
```

2. 手动设置环境变量,开机后自动生效

步骤 01 找到"我的电脑"快捷方式,单击鼠标右键,接着单击"属性"命令,如图 1-10 所示。

步骤 02 进入"属性"界面后,选择"高级系统设置"选项,如图 1-11 所示。

步骤 03 进入"系统属性"界面后,打开"高级"选项卡,然后单击"环境变量"按钮,如图 1-12 所示。

步骤 04 选择"系统变量"中的"Path"选项,单击"编辑"按钮,如图 1-13 所示。

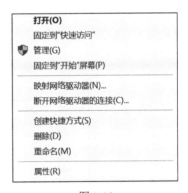

图 1-10

图 1-11

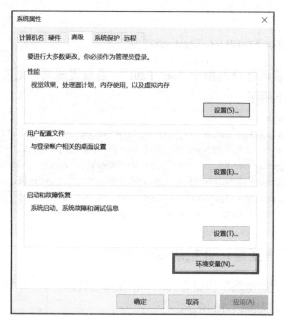

图 1-12

图 1-13

步骤 05 在"变量值"右侧框内的字符串末尾加一个英文的分号,再补充"C:\Python37"(见图 1-14),并陆续单击"确定"按钮直至设置完成。

图 1-14

> **说明**
>
> 在本书中的操作说明中,如果出现的提示符号为">"或"C:\Python37>",就表示该程序须在命令提示符或 PowerShell 中执行"python 程序.py";如果出现的提示符号为">>>",就表示须在 Python 命令窗口或 Python GUI 下执行示例语法。

技巧 5 【操作】Python 的基本运算与数学函数

基本运算包括四则运算和一些简单的数学函数,而常见的数学函数有绝对值、平方与开方、三角函数与指数、对数等。

1. 加减乘除——+、-、*、/

Python 中提供的基本运算有加、减、乘、除,分别为"+""-""*""/"。下面通过简单的操作来进行介绍。

```
>>> 1 + 2
3
>>> 7 - 4
3
>>> 7 * 3
21
>>> 21 / 3
7.0
```

变量间的运算方式类似,如下所示:

```
>>> x=3
>>> y=4
```

```
>>> x+y
7
>>> x-y
-1
```

2. 整除——//

整除是 Python 中比较特别的运算，又称为地板（floor）除法。

下面通过简单的操作来进行介绍：

```
>>> 3.0/2
1.5
>>> 3.0//2
1.0
```

整除会将计算出来的浮点型（float）结果的小数点后面的部分无条件舍去；若值为整型（int）结果，则无影响。

变量间的运算方式类似，如下所示：

```
>>> x=14.0
>>> y=3
>>> x/y
4.666666666666667
>>> x//y
4.0
```

3. 幂——**

Python 提供了幂运算，例如 x 的 y 次幂可以用语法表示为 $x**y$，示例如下：

```
>>> 4**3
64
```

使用变量进行幂运算，示例如下：

```
>>> x=3
>>> y=4
>>> x**y
81
```

4. 取模——%

在 Python 中，可以进行取模运算，例如 x 除以 y 的余数的表达式为 $x\%y$，示例如下：

```
>>> 300%10
0
>>> 300%11
3
>>> 12%1
0
```

使用变量进行取模运算,如下所示:

```
>>> x=14
>>> y=3
>>> x%y
2
```

5. 生成随机数——random

Python 提供了 random 模块,但该模块不在标准函数库中,所以必须在使用相关函数前导入 random 模块。

下面介绍 random 模块和几个常用函数的用法。

导入 random 模块,并随机生成 0~99 中的任意值:

```
>>> import random
>>> random.randint(0,99)
95
>>> random.randint(0,99)
47
```

随机生成 0~101 中 2 的倍数:

```
>>> random.randrange(0, 101, 2)
28
>>> random.randrange(0, 101, 2)
78
```

随机生成 0~101 中 3 的倍数:

```
>>> random.randrange(0, 101, 3)
57
>>> random.randrange(0, 101, 3)
75
```

随机生成一个小于 1 并且大于 0 的值:

```
>>> random.random()
0.24863617521706927
```

6. 转换数值类型——int、float

在 Python 中，可以通过函数强制转换数值类型，示例如下：

```
>>> int(3.1)            #小数位数转整数位会无条件舍去
3
>>> x=4.2
>>> int(x)
4
>>>
>>> float(3)
3.0
>>> float(3.7)          #小数位数转整浮点位数会完整转出
3.7
```

与 C 语言相比，Python 不仅限于整数与浮点数之间的转换，也可以通过字符串转换为数值，示例如下：

```
>>> x ="1.2"
>>> float(x)
1.2
```

7. 四舍五入函数——round

在 Python 中，可以通过该函数强制转换数值类型，示例如下：

```
>>> round(4.5654455)            #若没有填入位数参数，则初始值为 0
5
>>> round(4.5654455,3)          #输入位数参数 3，则代表四舍五入至小数第 3 位
4.565
>>> round(4.5654455,4)
4.5654
```

使用变量进行四舍五入，如下所示：

```
>>> x=4/3
>>> round(x)
1
```

8. 小于等于某数的最大整数——floor

在 Python 中，可以通过 floor 函数取得小于等于一个数的最大整数。由于 floor 函数在 math 模块中，因此必须先导入该模块才可以使用，示例如下：

```
>>> import math
>>> math.floor(4.56778)
```

```
4
>>> math.floor(4)
4
>>> math.floor(-3.44556)
-4
```

使用变量进行操作，如下所示：

```
>>> x=3.45
>>> y=-4.56
>>> math.floor(x)
3
>>> math.floor(y)
-5
```

9. 大于等于某数的最小整数——ceil

在 Python 中，可以通过 ceil 函数来取得大于等于某个数的最小整数。由于 ceil 函数在 math 模块中，因此必须先导入该模块才可以使用，示例如下：

```
>>> import math
>>> math.ceil(4)
4
>>> math.ceil(4.1)
5
>>> math.ceil(-3)
-3
>>> math.ceil(-3.3)
-3
```

使用变量进行操作，如下所示：

```
>>> x=3.45
>>> y=-4.56
>>> math.ceil(y)
-4
>>> math.ceil(x)
4
```

10. 开平方——sqrt

在 Python 中，可以通过 sqrt 函数来进行开平方运算。由于 sqrt 函数在 math 模块中，因此必须先导入该模块才可以使用，示例如下：

```
>>> import math
>>> math.sqrt(16)
4.0
>>> math.sqrt(81)
9.0
```

使用变量进行操作，如下所示：

```
>>> x=100
>>> math.sqrt(x)
10.0
```

11．绝对值函数——abs

在 Python 中，可以通过 abs 函数来求绝对值，示例如下：

```
>>> abs(100)
100
>>> abs(-100.0)
100.0
```

使用变量进行操作，如下所示：

```
>>> x=-1.354523
>>> abs(x)
1.354523
```

12．指数函数——exp

在 Python 中，可以通过 exp 函数来求 e^x。由于 exp 函数在 math 模块中，因此使用前必须先导入该模块，示例如下：

```
>>> import math
>>> math.exp(2)
7.38905609893065
>>> math.exp(10)
22026.465794806718
```

13．对数函数——log、log10

在 Python 中，可以通过 log 与 log10 函数来计算对数，其中 log 是以 e 为底的对数，log10 是以 10 为底的对数。由于 log 函数在 math 模块中，因此必须先导入该模块才可以使用，示例如下：

```
>>> import math
>>> math.log(4)
1.3862943611198906
>>> math.log(6)
1.791759469228055
```

14. 三角函数——sin、cos、tan

在 Python 中，也有三角函数。由于三角函数在 math 模块中，所以必须先导入该模块才可以使用，示例如下：

```
>>> import math
>>> math.sin(10)
-0.5440211108893698
>>> math.cos(10)
-0.8390715290764524
>>> math.tan(10)
0.6483608274590866
```

15. 最大值——max

在 Python 中，可以通过 max 函数来求一组数中的最大值，示例如下：

```
>>> max(-1,1,2,3,4,5,6)
6
```

使用变量进行操作，如下所示：

```
>>> x=(1,2,3,4,5,6,7)
>>> max(x)
7
```

16. 最小值——min

在 Python 中，可以通过 min 函数来取得一组数中的最小值，示例如下：

```
>>> min(-1,1,2,3,4,5,6)
-1
```

使用变量进行操作，如下所示：

```
>>> x=(1,2,3,4,5,6,7)
>>> min(x)
1
```

技巧 6 【操作】基本变量的使用

本技巧将依次介绍与变量以及矩阵相关的操作。

1. 变量的声明——=

Python 与大多数编程语言相同，可通过 "=" 进行变量声明，将等号右边的值赋给左边的变量，示例如下：

```
>>> x
1
>>> x=(1,2,3)          #将元组值赋给 x 变量
>>> x
(1, 2, 3)
>>> x=[1,2,3]          #将列表值赋给 x 变量
>>> x
[1, 2, 3]
```

2. 变量的删除——del

在 Python 中，需通过 del 命令将变量删除，示例如下：

```
>>> x
[1, 2, 3]
>>> del x
>>> x
Traceback (most recent call last):
  File "<stdin>", line 1, in <module>
NameError: name 'x' is not defined
```

3. 运算赋值——+=、-=、*=、/=、//=、**=、%=

Python 继承了 C 语言的方式，也拥有运算赋值的功能，可以有效地减少程序代码的编写，示例如下：

```
>>> x=1
>>> x
1
```

```
>>> x+=1          #等同于 x=x+1
>>> x
2
>>> x-=1          #等同于 x=x-1
>>> x
1
>>> x*=3          #等同于 x=x*3
>>> x
3
>>> x/=3          #等同于 x=x/3
>>> x
1.0
```

幂运算赋值示例如下：

```
>>> x=3
>>> x**=3         #等同于 x=x**3
>>> x
27
```

整除运算赋值示例如下：

```
>>> x
27
>>> x//=4         #等同于 x=x//4
>>> x
6
```

4．显示当前变量——dir、globals、locals

在 Python 中，dir 显示变量，globals 显示全局变量，locals 显示局部变量，示例如下：

```
>>> dir()
['__builtins__', '__doc__', '__name__', '__package__', 'random', 'x', 'y']
>>> globals()
{'__builtins__': <module '__builtin__' (built-in)>, 'random': <module 'random'
 from 'C:\Program Files\python\lib\random.py'>, '__package__': None, 'x': 14, 'y': 3,
'__name__': '__main__', '__doc__': None}
>>> locals()
{'__builtins__': <module '__builtin__' (built-in)>, 'random': <module 'random'
 from 'C:\Program Files\python\lib\random.py'>, '__package__': None, 'x': 14, 'y': 3,
'__name__': '__main__', '__doc__': None}
```

5. 查询变量的类型——type

在 Python 中，type 函数能够显示出当前变量的类型。变量类型主要分为数字（number）、字符串（string）、列表（list）、元组（tuple）、字典（dictionary）5 种。

其中，数字又分为 4 种。可使用 type 函数查看几种数据类型，示例如下：

```
>>> x=1
>>> type(x)
<type 'int'>
>>> x=1.0
>>> type(x)
<type 'float'>
>>> x="123"
>>> type(x)
<type 'str'>
>>> x=[1,2,3]
>>> type(x)
<type 'list'>
>>> x=(1,2,3)
>>> type(x)
<type 'tuple'>
>>> x={}
>>> type(x)
<type 'dict'>
```

技巧 7 【操作】元组、列表与字典的应用

在 Python 中，没有矩阵这种数据类型，但是有元组、列表与字典这 3 种类型。其中，元组与列表很相似，都是用来存储数据的序列，也都支持多维的序列（矩阵）；唯一不同之处就是元组在定义完成后，是不允许更改其内部值的，而列表可以更改其内部值。字典在对象中加上了索引值。

下面通过一个示例来介绍元组与列表的差异。

```
>>> x=[1,2,3]
>>> x[2]=4                    #列表对象可以被修改
>>> x
[1, 2, 4]
>>> x=(1,2,3)
>>> x[2]=4                    #元组对象无法被修改
TracebacK(most recent call last):
  File "<stdin>", line 1, in <module>
TypeError: 'tuple' object does not support item assignment
```

下面分别介绍3种对象的应用。

1．元组（tuple）

元组定义以后不得更改其内部元素。下面介绍元组的基本用法。

（1）定义元组

元组是用小括号来定义对象的，示例如下：

```
>>> x=(1,2,3,4,5,6)              #定义一维的元组
>>> x
(1, 2, 3, 4, 5, 6)
>>> x=((1,2),(3,4),(5,6))        #定义二维的元组
>>> x
((1, 2), (3, 4), (5, 6))
```

也可以在一行中定义多个变量，示例如下：

```
>>> x,y = (1,2,3),(3,4,5)
>>> x
(1, 2, 3)
>>> y
(3, 4, 5)
```

（2）删除元组变量

通过 del 可以删除元组，示例如下：

```
>>> x=((1,2),(3,4),(5,6))
>>> x
((1, 2), (3, 4), (5, 6))
>>> del x
>>> x
TracebacK(most recent call last):
File "<stdin>", line 1, in <module>
NameError: name 'x' is not defined
```

（3）访问元组

在 Python 元组对象中，索引值都是从 0 开始的。访问元组的示例如下：

```
>>> x=((1,2),(3,4),(5,6))
>>> x
```

```
((1, 2), (3, 4), (5, 6))
>>> x[0]
(1, 2)
>>> x[0][0]
1
```

(4)元组计算

元组计算是指将元组进行组合或复制。若要进行数值计算,则需取出元组内的值再进行计算,示例如下:

```
>>> x=(1,2,3)
>>> y=(7,8,9)
>>> x+y                    #两个元组组合
(1, 2, 3, 7, 8, 9)
>>> x*3                    #元组倍数复制
(1, 2, 3, 1, 2, 3, 1, 2, 3)
```

(5)在函数中的应用

元组也可以用于max、min函数中,示例如下:

```
>>> x
(1, 2, 3)
>>>
>>> max(x)
3
>>> min(x)
1
```

(6)在判断中的应用

Python提供了in指令,用来判断该元素是否在tuple中,示例如下:

```
>>> x
(1, 2, 3)
>>> 3 in x
True
>>> 4 in x
False
```

(7)在循环中的应用

Python的元组对象可以直接用来进行循环计算。用户可以利用这个特性来编写程序代码，示例如下：

```
>>> x
(1, 2, 3)
>>> for i in x:
...     print (i)
...
1
2
3
```

2．列表（list）

列表是 Python 中定义列表的语法。与元组的不同在于，列表可以变更内部元素值。下面介绍 list 的基本用法。

（1）定义列表

列表是用中括号来定义对象的，示例如下：

```
>>> x=[1,2,3,4,5,6]
>>> x
[1, 2, 3, 4, 5, 6]
>>> x=[[1,2],[4,5],[7,8]]
>>> x
[[1, 2], [4, 5], [7, 8]]
```

也可以在一行中定义多个列表变量，示例如下：

```
>>> x,y=[1,2,3],[6,7,8]
>>> x
[1, 2, 3]
>>> y
[6, 7, 8]
```

（2）删除列表变量

通过 del 可以删除列表，示例如下：

```
>>> x=[[1,2],[4,5],[7,8]]
>>> x
[[1, 2], [4, 5], [7, 8]]
>>> del x
>>> x
Traceback (most recent call last):
  File "<stdin>", line 1, in <module>
NameError: name 'x' is not defined
```

（3）访问列表

在 Python 列表对象中，列表的索引是从 0 开始的。下面介绍如何访问列表，示例如下：

```
>>> x
[1, 2, 3]
>>> x[0]
1
>>> x[:2]
[1, 2]
>>> x=[[1,2],[4,5],[7,8]]
>>> x[0][0]
1
>>> x[1][1]
5
```

（4）计算列表

这里所指的计算是将列表组合或复制。若要进行数值计算，则需先取出列表内的值再进行计算，操作如下：

```
>>> x,y=[1,2,3],[6,7,8]
>>> x+y
[1, 2, 3, 6, 7, 8]
>>> x*3
[1, 2, 3, 1, 2, 3, 1, 2, 3]
```

（5）函数应用

由于可以更改列表的元素，因此可以使用相对较多的函数。

① append 函数可以将参数添加到列表的尾部，示例如下：

```
>>> x=[45,72,65,21,87]
>>> x
[45, 72, 65, 21, 87]
>>> x.append(100)
>>> x
[45, 72, 65, 21, 87, 100]
```

② count 函数可以计算该值在列表中的个数，示例如下：

```
>>> x
[45, 72, 65, 21, 87, 100]
>>> x.count(5)
0
>>> x.count(65)
1
```

③ extend 函数可以将多个列表汇总起来，示例如下：

```
>>> x
[45, 72, 65, 21, 87, 100]
>>>
>>> x.extend([44,55])
>>> x
[45, 72, 65, 21, 87, 100, 44, 55]
```

④ index 函数可以获取特定元素在列表当中的位置，示例如下：

```
>>> x
[45, 72, 65, 21, 87, 100, 44, 55]
>>> x.index(65)
2
>>> x.index(100)
5
```

⑤ remove 函数可以删除列表里面的特定元素，示例如下：

```
>>> x
[1, 2, 3, 4, 5]
>>> x.remove(4)
>>> x
[1, 2, 3, 5]
```

⑥ reverse 函数可以将整个列表的内容反转，示例如下：

```
>>> x
[1, 2, 3, 5]
>>> x.reverse()
>>> x
[5, 3, 2, 1]
```

⑦ sort 函数可以将整个列表按照从小到大的顺序排序，示例如下：

```
>>> x
[5, 3, 2, 1]
>>> x.sort()
>>> x
[1, 2, 3, 5]
```

（6）在判断中的应用

Python 提供了 in 指令，可以判断该元素是否在列表中，示例如下：

```
>>> x=[1,2,3,4,5,6,7]
>>> 5 in x
True
>>> 8 in x
False
```

（7）在循环中的应用

Python 的列表对象可以直接用来进行循环计算。用户可以利用这个特性来编写程序代码，示例如下：

```
>>> x=[1,2,3,4,5,6,7]
>>> sum=0
>>> for i in x:
...     sum+=i              #缩进
...
>>> sum
28
```

（8）列表解析式

列表解析式能够通过简短的程序代码，将一个列表转换为另一个列表。简单来说，有点像在取该列表的子集合，但又不全然如此。在列表解析式中还可以进行栈位的判断、计算，实际上可以实现的功能相当多。

从操作上来说，就是通过循环来进行列表的判断和计算，但列表解析式不需要通过换行就可以实现循环。但就功能上来说，还是有某些限制，例如不能在列表解析式中进行嵌套循环。

列表解析式常用于读取文件、数据筛选等。示例如下：

```
>>> content = [ line for line in open('Futures_20170815_I020.csv')]      #读取文件内容①
>>> content[1:10]
['8450010,8450009,TXFH7,128,10310,732,732,202,349\n', '8450011,8450010,TXFH7,128,
10309,4,736,206,350\n', '8450011,8450010,TXFH7,128,10309,1,737,207,351\n',
'8450011,8450010,TXFH7,128,10310,1,738,208,352\n', '8450011,8450010,TXFH7,128,
10310,1,739,209,353\n', '8450011,8450010,TXFH7,128,10309,2,741,210,354\n',
'8450011,8450011,TXFH7,128,10309,1,742,211,355\n', '8450013,8450011,TXFH7,128,
10310,1,743,212,356\n', '8450013,8450011,TXFH7,128,10310,1,744,213,357\n']
>>> I020 = [ line.strip('\n').split(",") for line in content][1:]
>>> I020[1:10]
[['8450011', '8450010', 'TXFH7', '128', '10309', '4', '736', '206', '350'],
['8450011', '8450010', 'TXFH7', '128', '10309', '1', '737', '207', '351'],
['8450011', '8450010', 'TXFH7', '128', '10310', '1', '738', '208', '352'],
['8450011', '8450010', 'TXFH7', '128', '10310', '1', '739', '209', '353'],
['8450011', '8450010', 'TXFH7', '128', '10309', '2', '741', '210', '354'],
['8450011', '8450011', 'TXFH7', '128', '10309', '1', '742', '211', '355'],
['8450013', '8450011', 'TXFH7', '128', '10310', '1', '743', '212', '356'],
['8450013', '8450011', 'TXFH7', '128', '10310', '1', '744', '213', '357'],
['8450013', '8450012', 'TXFH7', '128', '10310', '2', '749', '214', '362']]
```

3．字典（dictionary）

字典是带有索引的列表，在每个值之前都会加上索引，所以大多数操作都会通过索引

---

① 在读取文件内容时，本示例所引用的 csv 文件位于 C:\Python37，若读者将 csv 文件保存于其他位置，请在代码中加入 csv 文件的存储路径。

来进行取值。

（1）定义字典

字典用大括号来定义，示例如下：

```
>>> x={'one':123,'two':345,'three':567}
>>> x
{'one': 123, 'two': 345, 'three': 567}
```

（2）删除字典变量

用 del 可以删除字典，示例如下：

```
>>> x
{'one': 123, 'two': 345, 'three': 567}
>>> del x
>>> x
Traceback (most recent call last):
  File "<stdin>", line 1, in <module>
NameError: name 'x' is not defined
```

（3）访问字典

基于字典的存储结构只能通过 index 访问，示例如下：

```
>>> x={'one':123,'two':345,'three':567}
>>> x
{'one': 123, 'two': 345, 'three': 567}
>>> x['one']
123
>>> x['three']
567
>>> x[0]
Traceback (most recent call last):
  File "<stdin>", line 1, in <module>
KeyError: 0
```

（4）函数应用

① len 函数可以查看字典对象的长度，示例如下：

```
>>> x
{'one': 123, 'two': 345, 'three': 567}
>>> len(x)
3
```

② copy 函数可以复制相同的字典对象，示例如下：

```
>>> x.copy()
{'one': 123, 'two': 345, 'three': 567}
```

③ clear 函数可以清除字典对象,示例如下:

```
>>> x.clear()
>>> x
{}
```

④ items 函数可以将字典转换成 list 对象,示例如下:

```
>>> x.items()
dict_items([('one', 123), ('two', 345), ('three', 567)])
```

技巧 8 【操作】使用 Python 的第三方库

许多模块并非是 Python 的基本模块,当程序开发者需要时,可以另外下载扩展应用的模块,如 pymysql、pandas。本技巧将介绍如何安装并使用 Python 的第三方库。

导入模块需要通过 import 指令进行。下面以导入 math 模块为例进行说明,执行过程如下:

```
>>> import math
>>>
```

math 是 Python 的基本模块,所以不用额外安装即可导入。

导入第三方库,如 pymysql(Python 连接 MySQL 的模块),在未安装的情况下会发生以下情况:

```
>>> import pymysql
Traceback(most recent call last):
  File "<stdin>", line 1, in <module>
ImportError: No module named pymysql
```

这时需要先安装该模块。在安装模块前,必须先安装 Python 管理模块的程序"pip",安装 pip 后才可以安装 Python 的模块,概念有点像 Ubuntu 的 APT "Advanced Packaging Tool",通过它来安装系统的模块。下面介绍如何安装 pip。

如果是从官网上下载安装的 Python,其中已经包含了 pip,不需要另外安装,但要把"C:\Python37\Scripts"加进系统默认路径(环境变量)下,系统默认的设置可参考**技巧 4**。

接着就可以执行 pip 命令了,要查看是否配置正确,可在 CMD 中执行 pip 命令,过程如下:

```
>pip
Usage:
```

```
pip <command> [options]
Commands:
  install                     Install packages.
  download                    Download packages.
  uninstall                   Uninstall packages.
  freeze                      Output installed packages in requirements format.
  list                        List installed packages.
  show                        Show information about installed packages.
  check                       Verify installed packages have compatible dependencies.
  search                      Search PyPI for packages.
  wheel                       Build wheels from your requirements.
  hash                        Compute hashes of package archives.
  completion                  A helper command used for command completion.
  help                        Show help for commands.
```

若出现命令的参数说明，则表示正确执行了该命令。

接着安装 pymysql 模块，通过系统管理员启动 Windows CMD，执行以下命令：

```
pip install pymysql
```

执行过程如下：

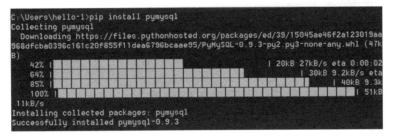

接着，进入 Python 命令窗口中，导入 pymysql：

```
>>> import pymysql
>>>
```

若没有出现错误信息，则表示导入成功。

技巧 9 【操作】字符串处理的应用

本技巧介绍 Python 中常用的字符串处理函数。

1. len——查询字符串长度

len 函数可用于查询字符串长度，示例如下：

```
>>> str="i am a cat"
>>> len(str)
10
```

2. join——将元素通过特定符号组合

join 函数用于将不同元素组合成一个大字符串，示例如下：

```
>>> seq="    "                    #tab 符号
>>> cc=('1','2','3','4')
>>> seq.join(cc)                  #Python 中通过'\t'来展示 tab
'1\t2\t3\t4'
```

3. strip——将特定字符从字符串首部、尾部删除

strip 函数的示例如下：

```
>>> str.strip()
'i am a cat'
>>> str.strip("i")
' am a cat'
>>> str.strip("at")
' am a c'
```

4. lstrip——将特定字符从字符串首部删除

lstrip 函数的示例如下：

```
>>> str="i am a cat"
>>> str.lstrip("a")
' am a cat'
>>> str.lstrip("at")
' am a cat'
```

5. rstrip——将特定字符从字符串尾部删除

rstrip 函数的示例如下：

```
>>> str="i am a cat"
>>> str.rstrip("a")
'i am a cat'
>>> str.rstrip("at")
'i am a c'
```

6. swapcase——转换英文字母大小写

swapcase 函数的示例如下:

```
>>> str="I am A cat"
>>> str.swapcase()
'i AM a CAT'
```

7. lower、upper——将英文字母转换成小写、大写

lower 函数用于将英文字母转换成小写形式,upper 函数用于将英文字母转换成大写形式,示例如下:

```
>>> str="I am A cat"
>>> str.lower()
'i am a cat'
>>> str.upper()
'I AM A CAT'
```

8. max、min——查看字符串中的最大值、最小值

max 函数用于查看字符串中的最大值,min 函数用于查看字符串中的最小值,示例如下:

```
>>> str="i am a cat"
>>> max(str)
't'
>>> min(str)
' '
```

9. zfill——将字符串用 0 填满至特定宽度

用 zfill 函数补齐 15 个字符,示例如下:

```
>>> str='TTT'
>>> str.zfill(15)
'000000000000TTT'
```

10. replace——替换字符串中的特定字符

下面 replace 函数的示例是以空白替换 H 字符:

```
>>> str='HUJRYEHDGSJKER'
>>> str.replace('H'," ")
' UJRYE DGSJKER'
```

11. split——将字符串按照特定符号进行分割

split 函数的示例如下：

```
>>> str='HUJRYEHDGSJKER'
>>> str.split('J')
['HU', 'RYEHDGS', 'KER']
```

12. splitlines——将字符串按照换行符进行分割

下面 splitlines 函数的示例是以逗号来进行分割：

```
>>> >>> str="111\n333\n532\n7456\n234\n122"
>>> str.splitlines()
['111', '333', '532', '7456', '234', '122']
```

技巧 10 【操作】时间函数应用

Python 提供了 time 模块来解决时间处理的问题，本技巧将详细介绍 time 模块中的函数应用。

若读者要了解 Python 的时间格式，则可先参考**技巧 19**，再回来了解时间函数的应用。下面介绍 time 模块中的函数应用。

1. time.time——获取当前时间秒数

通过 time.time 函数可以获取当前的时间秒数（从 1970/01/01 00:00 开始计算，直至目前的总秒数），示例如下：

```
>>> import time
>>> time.time()
1505975715.899
>>> time.time()
1505975719.699
```

获取当前时间后，可以与其他时间进行比较，示例如下：

```
>>> import time
>>> start=time.time()
>>> time.time() -start
8.256999969482422
```

以上结果代表两次执行的时间差为 8 秒多。

2. time.localtime——获取当前时间元组

localtime 函数的示例如下:

```
>>> import time
>>> time.localtime()
time.struct_time(tm_year=2017, tm_mon=9, tm_mday=21, tm_hour=14, tm_min=46, tm_sec=
23, tm_wday=3, tm_yday=264, tm_isdst=0)
>>> time.localtime()[1]
9
>>> time.localtime()[3]
14
```

3. time.clock——获取当前时间秒数

clock 函数的示例如下:

```
>>> import time
>>> time.clock()
2896.8592524024843
>>> time.clock()
3035.481912434893
```

4. time.ctime——将秒数转换成字符串

ctime 函数可以用于获取当前时间,并且将秒数转换成字符串,示例如下:

```
>>> import time
>>> time.ctime()
'Fri Sep 22 10:51:54 2017'
>>> time0=time.time()
>>> time.ctime(time0)
'Thu Sep 21 14:54:38 2017'
```

5. time.mktime——将时间元组转换成秒数

mktime 函数可用于时间的格式转换,示例如下:

```
>>> import time
>>> t = (2017, 2, 17, 17, 3, 38, 1, 48, 0)
>>> time.mktime(t)
1487322218.0
>>> time.mktime(time.localtime())
1505977263.0
>>> time.mktime(time.localtime())
1505977266.0
```

6. time.gmtime——将秒数转换成时间元组

gmtime 函数可用于将秒数转换成为时间元组，示例如下：

```
>>> import time
>>> time.gmtime(time.time())
time.struct_time(tm_year=2017, tm_mon=9, tm_mday=21, tm_hour=7, tm_min=4, tm_sec=28, tm_wday=3, tm_yday=264, tm_isdst=0)
>>>
```

mktime 与 gmtime 可搭配使用，示例如下：

```
>>> t = (2017, 2, 17, 17, 3, 38, 1, 48, 0)
>>> time.mktime(t)
1487322218.0
>>> time.gmtime(time.mktime(t))
time.struct_time(tm_year=2017, tm_mon=2, tm_mday=17, tm_hour=9, tm_min=3, tm_sec=38, tm_wday=4, tm_yday=48, tm_isdst=0)
>>>
```

7. time.strftime——将时间元组转换成特定格式的字符串

strftime 函数的示例如下：

```
>>> import time
>>> time0 = (2017, 2, 17, 17, 3, 38, 1, 48, 0)
>>> time0 = time.mktime(time0)
>>> print (time.strftime("%b-%d-%Y %H:%M:%S", time.gmtime(time0)))
Feb-17-2017 09:03:38
```

8. time.strptime——将字符串转换成时间对象

strptime 函数的示例如下：

```
>>> import time
>>> time.strptime("12:30:25","%H:%M:%S")
time.struct_time(tm_year=1900, tm_mon=1, tm_mday=1, tm_hour=12, tm_min=30, tm_sec=25, tm_wday=0, tm_yday=1, tm_isdst=-1)
>>>
```

9. time.sleep——秒数延迟

sleep 是常用的函数。以下示例将展示 sleep 函数的用法：

```
>>> import time
>>> time.time()
1505977722.531
>>> time.sleep(3)
```

```
>>> time.time()
1505977725.542
>>>
```

技巧 11 【程序】文档的读取与写入

Python 对文件的控制，设计得相当完善，可以通过 open、close、write、read、rename、remove 控制文件的打开、关闭、写入、读取、重命名与移除。

1．open——打开文件

Python 提供的 open 内置函数可以直接打开文件，并且如果设置了适当的权限，就可以对文件进行读写。读取及写入在后面的技巧中会讲解。

打开文件的示例如下：

```
>>> file= open('123.txt','w+')
>>> file.name                    #读取后，可以查询文件名称
'123.txt'
>>> file.closed                  #读取后，可以查询是否关闭读取文件
False
>>> file.mode                    #读取后，可以查询对文件的权限
'w+'
```

open 函数能通过简洁的语法将文件内容存入 Python 的数组中，示例如下：

```
>>> [ line for line in open('123.txt')]
['123456789']
```

该用法是通过列表的特性直接将文件通过循环存入数组中。

2．close——关闭文件

Python 提供的 close 函数可以直接关闭文件，示例如下：

```
>>> file.name
'123.txt'
>>> file.closed
False
>>> file.close()
>>> file.name
'123.txt'
>>> file.closed
True
```

3. write——写入文件

write 函数可以直接对文件进行写入，示例如下：

```
>>> file= open('123.txt','w+')
>>> file.write("123456789/n")
>>> file.close()
```

4. read——读取文件

read 函数可以直接对文件内容进行读取，示例如下：

```
>>> file= open('123.txt','r')
>>> file.read()
'123456789/n'
>>> file.close()
```

5. rename——重命名文件

rename 函数可以直接修改文件的名称，但需要导入 os 模块，示例如下：

```
>>> import os
>>> os.rename('123.txt','456.txt')
```

6. remove——移除文件

remove 函数可以直接移除文件，但需要导入 os 模块，示例如下：

```
>>> import os
>>> os.remove('456.txt')
```

技巧 12 【操作】MySQL 数据库的基本操作[①]

1. 建立和删除数据库

建立数据库的语法如下：

CREATE DATABASE 数据库名称

示例如下：

```
> CREATE DATABASE sampledatabases;
Query OK, 1 row affected (0.01 sec)
> show databases;            #查看是否创建成功
```

[①] 本技巧要提前安装 MySQL 数据库。

```
+--------------------+
| Database           |
+--------------------+
| information_schema |
| mysql              |
| performance_schema |
| sampledatabases    |
+--------------------+
4 rows in set (0.00 sec)
```

删除数据库的语法如下：

DROP DATABASE 数据库名称

示例如下：

```
> DROP DATABASE sampledatabases;
Query OK, 0 rows affected (0.06 sec)
> show databases;          #查看是否删除成功
+--------------------+
| Database           |
+--------------------+
| information_schema |
| mysql              |
| performance_schema |
+--------------------+
3 rows in set (0.00 sec)
```

创建和删除数据库一般由数据管理者执行。一般的数据库用户没有相关权限，是无法执行创建和删除数据库的。

2. 建立表

建立表比建立数据库还要复杂一点，因为建立表必须定义表名、列、数据类型。考虑到每列的实际用途以及需求都会做不同的设计，若是一般的小额整数数值则会用简单的数据类型（如 INT），而不同的数据类型都有不同的功能以及不同的占用空间。如果在数据库中每列的数据类型配置得当，就会提高查找数据库的效率。

建立表的语法如下：

CREATE TABLE 表名称（

列名称 数据类型，

列名称 数据类型,

列名称 数据类型

…);

在列名称和数据类型中间必须加上一个空格。

下面通过示例介绍表的建立,语句如下:

create table student0101(

ID int,

name varchar(10),

height varchar(10),

weight varchar(10));

输出如下:

```
> create table student0101(
    -> ID int,
    -> name varchar(10),
    -> height varchar(10),
    -> weight varchar(10));
Query OK, 0 rows affected (0.58 sec)
```

上面所展示的语句可以新增带有 4 列的数据表,使用了 INT 和 VARCHAR 两种数据类型,INT 为数值类型,VARCHAR 为可变长度的字符串类型。

查看列类型,执行语句如下:

```
> describe student0101;
+--------+-------------+------+-----+---------+-------+
| Field  | Type        | Null | Key | Default | Extra |
+--------+-------------+------+-----+---------+-------+
| ID     | int(11)     | YES  |     | NULL    |       |
| name   | varchar(10) | YES  |     | NULL    |       |
| height | varchar(10) | YES  |     | NULL    |       |
| weight | varchar(10) | YES  |     | NULL    |       |
+--------+-------------+------+-----+---------+-------+
4 rows in set (0.00 sec)
```

这里通过数据表 student(见表 1-1)来介绍数据表的操作。

表 1-1　　　　　　　　　　　　　student 表

ID	name	height	weight
102404248	jack	180	80
102404246	hizeba	170	90
102404247	panpan	165	50
102404225	zichang	165	65

3. SELECT 简介

查询是数据库常用的功能之一，由 SELECT 与 FROM 组成：SELECT 后接要搜寻的列或通配符星号（*），FROM 后接要搜寻的数据表。

查找多列时，列与列之间用逗号","分隔；当要查找数据表全部的列时，需使用通配符星号（*）。

查询数据的语法如下：

SELECT * FROM 数据表名称;

示例如下：

SELECT * FROM student;

输出如下：

```
> SELECT * FROM student;
+-----------+---------+--------+--------+
| ID        | name    | height | weight |
+-----------+---------+--------+--------+
| 102404248 | jack    | 180    | 80     |
| 102404246 | hizeba  | 170    | 90     |
| 102404247 | panpan  | 165    | 50     |
| 102404225 | zichang | 165    | 65     |
+-----------+---------+--------+--------+
4 rows in set (0.00 sec)
```

技巧 13　【程序】使用 Python 访问 MySQL

本技巧是扩展 Python 数据库的访问应用。从 Python 中存取 MySQL 数据库有许多模块，本技巧通过 pymysql 库来进行介绍。

> **说明**
> 安装 pymysql 库可参考**技巧 8**，在此不另外进行介绍。

当安装完成后，需先导入库才可以使用。语法如下：

import pymysql

若要存取数据库，就必须与数据库建立连接。在 pymysql 库中，必须通过 connect 函数来建立连接的对象，之后通过连接的对象来对数据库下指令。

下面介绍如何通过 pymysql 对数据库存取对象，通过数据库进行存取，读者也可以自行建立数据库进行存取。

在 pymysql 中执行 SELECT、INSERT 等动作，操作过程大致相同，只要在 execute 执行语句中输入 SQL 查询语句即可。下面介绍操作过程。

首先确认数据库中有数据库和使用者后，先建立连接：

conn = pymysql.connect(host='IP 地址', port=端口号, user="使用者", passwd="密码", db="数据库")

在建立连接后，接着建立游标，接下来的操作，都是由该对象来完成。

cur = conn.cursor()

接着执行查询语句：

cur.execute("SQL 查询语句")

将查询结果依序显示出来：

for row in cur:

print(row)

关闭游标：

cur.close()

关闭连接：

conn.close()

技巧 14 【操作】数据的分割与合并

本技巧将阐述如何操作 Python 中的数组，也就是列表对象，毕竟本书是介绍 Python 的金融案例操作，回测的部分会与大数据相结合，这时就必须要了解如何使用列表。

前面有涉及列表如何使用的简单叙述，这里进一步叙述常用的应用，即存取、分割和合并。

1. 访问

在 Python 中，列表对象的赋值是通过中括号来进行的。首先介绍简单的用法，即获取单一值，示例如下：

```
>>> x = [1,2,3,4,5,6,7,8,9]
>>> x[0]
1
>>> x[1]
2
>>> x[-2]
8
```

通过冒号 ":" 可以获取连续多个值。若一个数组有 9 个值，可以取 1~3 个值，也可以取 4~9 个值，示例如下：

```
>>> x
[1, 2, 3, 4, 5, 6, 7, 8, 9]
>>> x[:3]
[1, 2, 3]
>>> x[3:]
[4, 5, 6, 7, 8, 9]
>>> x[:-2]
[1, 2, 3, 4, 5, 6, 7]
>>> x[-2:]
[8, 9]
```

还可以获取特定倍数间隔的值。例如，当目前数组有 9 个值，可以获取 2 的倍数索引的值，示例如下：

```
>>> x
[1, 2, 3, 4, 5, 6, 7, 8, 9]
>>> x[::2]
[1, 3, 5, 7, 9]
>>> x[::3]
[1, 4, 7]
```

2. 分割

若要分割字符串,可以参考**技巧9**的strsplit函数;若要分割列表,可以通过上述方式来将索引值进行分割,但仅局限于索引值,没有办法依照条件来进行分割。例如,在R语言中就提供了subset函数来进行矩阵切割。

Python列表中的数据切割通过循环来进行简易的判断,语法如下:

自定义变量 for 自定义变量 in 特定列表 if 条件判断语句

操作如下:

```
>>> x
[1, 2, 3, 4, 5, 6, 7, 8, 9]
>>> [i for i in x if i > 5]
[6, 7, 8, 9]
```

3. 合并

Python中的数组合并就是列表的合并,可以通过"+"运算符进行list相加,也可以通过append进行列表新增,还可以通过extend进行list合并。

(1)通过"+"对列表进行相加,示例如下:

```
>>> x=[1,2,3,4]
>>> y=[5,6,7,8]
>>> x+y
[1, 2, 3, 4, 5, 6, 7, 8]
```

(2)通过append函数在列表尾部添加新值,示例如下:

```
>>> x=[45,72,65,21,87]
>>> x
[45, 72, 65, 21, 87]
>>> x.append(100)
>>> x
[45, 72, 65, 21, 87, 100]
```

(3)通过extend函数可以将多个列表整合起来,示例如下:

```
>>> x
[45, 72, 65, 21, 87, 100]
>>> x.extend([44,55])
>>> x
[45, 72, 65, 21, 87, 100, 44, 55]
```

技巧 15 【程序】判断表达式与示例

判断表达式分为逻辑判断表达式和条件判断表达式,下面介绍两者的使用方式。

1. 逻辑判断表达式

Python 中的逻辑判断表达式如表 1-2 所示。

表 1-2　　　　　　　　　　　　　逻辑判断表达式

逻辑判断表达式名称	逻辑判断表达式符号
大于、大于等于	>、>=
小于、小于等于	<、<=
等于、不等于	=、!=
与(and)	and
或(or)	or

下面分别介绍各种逻辑判断表达式。

(1) 大于、大于等于

示例如下:

```
>>> x=10
>>> x>10
False
>>> x>=10
True
```

(2) 小于、小于等于

示例如下:

```
>>> x=10
>>> x<10
False
>>> x<=10
True
```

(3) 等于、不等于

示例如下:

```
>>> x=10
>>> y=9
>>> x==y
False
>>> x!=y
True
```

(4) 与 (and)

示例如下：

```
>>> x
10
>>> y
9
>>> x==9 and y==9
False
>>> x==10 and y==9
True
>>>
```

(5) 或 (or)

示例如下：

```
>>> x
10
>>> y
9
>>> x==9 or y==10
False
>>> x==10 or y==9
True
>>> x==10 or y==1
True
>>> x==9 or y==9
True
```

2. 条件判断表达式

介绍完逻辑判断表达式后，接着介绍条件判断表达式。条件判断表达式通过判断指定的条件去做接下来的运算。条件判断表达式主要有 if else 和 switch，下面介绍二者的使用方法。

if else 的常用用法分为几种，普通的用法是在 if 后输入条件表达式并用冒号分割；若条件成立，为 TRUE，则执行第一个指定操作；若条件不成立，则进行第二个指定操作。示例如下：

```
>>> x
10
>>> if x==10:         #第一个指定动作
...     x+=10
... else:             #第二个指定动作
...     x-=10
...
>>> x
20
```

在 Python 中，if else 的语法如下：

if 判断条件 1：

  …

elif 判断条件 2

  …

示例如下：

```
>>> x
20
>>> if x ==20:
...     x+=10
... elif x==10:
...     x-=10
...
>>> x
30
```

技巧 16 【程序】循环语句与示例

在 Python 中，常用的循环有 for 和 while，下面介绍循环的控制语句（break、continue、pass）。

以往许多编程语言都是通过大括号将循环的程序代码括起来的，但在 Python 中则是通过缩进（ident）来定义循环内的程序代码。

> **说明**
> 缩进的方式一般是通过 Space 键或 Tab 键来完成的。

1. for 循环

在 for 循环控制结构中，基本语法如下：

for 循环变量 in 向量:

    {运算式}

上述基本语法中的循环变量是循环中一个专属的变量，会通过循环来改变值，常用变量名称是 i，当然也可以使用 o、e 等其他变量名称。当循环结束时，循环变量不会继续存在于 Python 环境中。

循环结构中的运算式可以从简单到复杂，依照每个人的需求来编写运算式，可以是简单的函数、四则运算乃至复杂的运算分析。

在刚开始写循环语句时，必须注意如果在循环中用到新的变量，就必须先声明该变量。通常是变量声明定义在循环外，因为定义在循环内可能会影响运算。

下面通过一个简单的示例来介绍 Python 循环。在 Python 中，可以通过逗号分隔对象并且将其运用在循环中，循环变量会通过向量内的每个值去循环。下面将循环变量的值通过 print 函数显示出来：

```
>>> for i in 1,2,3,4 :
...     print ("No.",i)
...
No. 1
No. 2
No. 3
No. 4
```

for 循环通过向量循环的做法不只有上述方法，也可以用列表、元组对象变量作为循环因子。下面定义向量并通过循环显示出来。

```
>>> x = [1,2,3,4,5,6,7,8,9,10]
>>> for i in x :
...     print ("No.",i)
...
No. 1
No. 2
No. 3
No. 4
No. 5
No. 6
No. 7
No. 8
No. 9
No. 10
```

当然，也可以让循环具有不规则性（不是单纯地让数值从 1 到 10），比如显示奇数。

```
>>> x = [1,2,3,4,5,6,7,8,9,10]
>>> for i in x[::2] :
...     print ("No.",i)
...
No. 1
No. 3
No. 5
No. 7
No. 9
```

以上示例都是介绍 for 循环中循环变量的变化。下面开始介绍循环中的运算式。下面这个循环的功能是将 x 变量进行 10 次计算，通过 i 计算 1+2+3+…+10 的值为 55。

```
>>> x
[1, 2, 3, 4, 5, 6, 7, 8, 9, 10]
>>> y
0
>>> for i in x:
...     y+=i
...     print (y)
...
1
3
6
10
15
21
28
36
45
55
```

下面对上述循环增加一点变化，加入逻辑判断，并且作出处理。x 从 1 到 10，但是当 i 值为 7 时略过该循环，进行下一次计算，示例如下。

```
>>> x
[1, 2, 3, 4, 5, 6, 7, 8, 9, 10]
>>> y
0
>>> for i in x:
...     if i == 7:
...         continue
...     y+=i
...     print (y)
...
1
3
6
```

```
10
15
21
29
38
48
```

2. while 循环

while 循环是 Python 中除了 for 之外的另一个重要循环,基本原理很简单,就是制定一个判断原则(逻辑表达式),并遵循这个原则来对子语句进行循环。while 和 for 循环的差异在于,while 是通过逻辑判断进行循环,for 则是通过制定一个有限变量或向量对象来进行循环。

while 循环控制结构的基本语法如下:

while 判断表达式:

　程序代码

首先,与 for 一样写出一个简单的循环,了解 while 循环的架构。

```
>>> x=0
>>> while x<=7:
...     print (x)
...     x+=1
...
0
1
2
3
4
5
6
7
>>> x
8
```

while 的特性是容易阅读。在上面的示例中,当 x 的值超过 7 时就会跳出循环,不再进行任何计算。在使用 while 循环时,必须小心地指定循环表达式,因为如果指定不好就可能会无限循环。

无限循环的条件表达式结果永远为 1(系统辨识为 TRUE),使循环无法停止。下面给出无限循环的一个简单示例。

```
>>> x =0
>>> while 1 :
...     print (x)
...     x+=1
...
0
1
2
3
4
5
6
7
8
9
10
11
12
13
14
15
16
......
```

了解到 while 循环的概念后，就可以进行四则运算了。只要符合判断条件，就会一直重复执行运算，直到不符合为止。示例如下：

```
>>> x=1
>>> y=0
>>> while x<= 10:
...     y+=x
...     x+=1
...
>>> y
55
```

在 while 循环中，可以通过 while 判断表达式来决定循环，也可以通过 break 和 continue 这两个语句来改变 while 的循环功能。下面介绍 while 搭配 continue 的用法。

```
>>> x=0
>>> while x<10:
...     x+=1
...     if x==5 :
...         continue
...     print (x)
...
```

```
1
2
3
4
6
7
8
9
10
```

从上述示例的结果可以看到，当 x 值为 5 时跳至下一循环，不显示 5。

3．break 和 continue

break 语句可以跳出循环，可以依照不同的需求来使用。

break 与 continue 的不同在于，break 会直接跳出循环，不再执行下一个循环，而 continue 是跳出当前循环，并执行下一个循环。

4．pass 不执行任何操作

pass 与 break、continue 的不同之处在于，pass 没有实际作用，只是用来编写空的循环主体，并不执行任何动作。

第2章
建立自己的工具函数

从许多应用层面上来说，Python 对于编程新手是很友善的。对于开发者而言，最重要的是如何建立自己的工具函数集，以便在之后编写程序时能够更有效率。本章将介绍如何建立自己的 Python 工具集，以便在数据分析与逻辑判断上更便捷、更直观。

技巧 17 【概念】建立函数的方法

在编写任何程序代码时，我们都会将常用的功能写成函数，以便在编写之后的程序时可以直接调用，简化冗长的程序代码。

本书多数的运算操作都是通过 Python 中的函数来执行的。Python 有许多功能不同的函数，分布在不同的库中，如计算、生成图表、统计等。

函数在任何语言中都是提供转换功能的，可将输入值转换为输出值：

输入值 x → 输出值 $f(x)$

在 Python 中，函数定义的方式如下：

```
def 函数名称( 输入值 ):
  # 缩进
  ...
  ...
  ...
  return 输出值
```

函数中的输入值与输出值并非必需的。例如：首先进入 Python 环境，定义一个函数：

```
>>> def printHello():
...     print ("Hello")
...
```

函数 printHello 并不需要输入值，只要调用它（输入 printHello()），就会执行这个函数（输出 Hello），如下所示：

```
>>> printHello()
Hello
```

接着定义一个基本的计算函数（有输入参数），当输入 x 和 y 时，能够计算从 x 到 y 的和：

```
>>> def mySum(x,y):
...     rs=0
...     for i in range(x,y+1):
...         rs+=i
...     return rs
...
>>>
```

当调用 mySum 并给定两个正整数（如输入 mySum(4,10)）时，就会执行这个函数（由 4 加到 10）：

```
>>> mySum(4,10)
49
```

技巧 18 【程序】在函数库中建立多个函数

本技巧介绍的是建立属于自己的函数库，将多个函数建立在同一个 Python 程序中。换言之，当执行该程序时，就会产生我们定义的所有函数，便于在之后的程序中调用。

Python 可以建立一套专属于使用者的环境，并导入自己的 Python 函数。我们可以通过编写文件格式为.py 的文档来建立自己的函数库。编写完成后，只要在 Python 中执行相应的命令就可以调用。

下面介绍如何在函数库中建立函数。

我们可以将导入的模块、环境的设置写入 Python 文档中。下面直接给出简单的设置文档介绍。

※文件名：sample_execfile.py

```
import os
import sys
import math
os.chdir('D:\\data')
```

设置文件内仅导入模块和工作目录。完成编写文档后，进入 Python 中就可以调用 sample_execfile.py 文件了。

```
>>> exec(open('sample_execfile.py').read())
>>> dir()
['__builtins__', '__doc__', '__name__', '__package__', 'math', 'os', 'sys']
>>> os.getcwd()
'D:\\data'
```

这是一个简单的示例，如果想要导入自己编写的函数，就需要自己定义函数了，可参阅**技巧 17**。

因为自己定义函数的应用范围相当广泛，所以通过简单的示例让读者了解基本做法，更深层次的应用则是依照每个人不同的需求而去做加强。

※文件名：cumsum.py

```
def cumsum(x):
    y=[]
    sum=0
    for i in x:
        sum+=i
        y.append(sum)
    return y
```

导入并执行，过程如下：

```
>>> exec(open('cumsum.py').read())
>>> x=[2,3,5,7,3,5]
>>> cumsum(x)
[2, 5, 10, 17, 20, 25]
```

技巧 19 【概念】了解时间格式

在 Python 中，已经有完整的模块可以处理时间格式了，其中有 time、datetime 和 calendar 模块提供的相关解决方案。

在 Python 中，用来存储时间的格式有两种：一种为 tick 时间格式，另一种为时间元组。tick 格式表示 1970/01/01 0 点 0 分至当前的秒数。元组在第 1 章中已有介绍，也就是类似数组的格式，时间元组则通过数组的方式存储每一个时间单位的数值。

1. tick 时间格式

tick 格式可以通过 time 函数获取，示例如下：

```
>>> ticks = time.time()
>>> ticks
1505973883.949 ——————————1970/1/1 的 0 点 0 分至当前的秒数
>>> time.ctime(ticks)
Thu Sep 21 14:04:43 2017'
```

2. 时间元组格式

若要定义时间元组，则必须依次按照以下列定义值：

年（4 位数）、月、日、时、分、秒、日（周）、日（年）、是否采用 DST

时间元组操作的示例如下：

```
>>> t = (2009, 2, 17, 17, 3, 38, 1, 48, 0)
>>> t = time.mktime(t)
>>> t
1234861418.0
>>> time.gmtime(t)
time.struct_time(tm_year=2009, tm_mon=2, tm_mday=17, tm_hour=9, tm_min=3, tm_sec=38, tm_wday=1, tm_yday=48, tm_isdst=0)
```

知道了两种类别的使用方式后，就可以运用其特性来进行日期数据的计算或运用了。

3. 字符串转时间（strptime）

strptime 函数用来将字符串转换成时间格式，示例如下：

```
>>> time.strptime("09:30:20","%H:%M:%S")
time.struct_time(tm_year=1900, tm_mon=1, tm_mday=1, tm_hour=9, tm_min=30, tm_sec=20, tm_wday=0, tm_yday=1, tm_isdst=-1)
>>> time.strptime("2017/09/30 09:30:20","%Y/%m/%d %H:%M:%S")
time.struct_time(tm_year=2017, tm_mon=9, tm_mday=30, tm_hour=9, tm_min=30, tm_sec=20, tm_wday=5, tm_yday=273, tm_isdst=-1)
```

> **说明**
> 这里必须留意，时间单位最小到秒，若要转换小于秒的时间单位，则必须通过 datetime 模块中的 strptime 函数。后面会介绍 datetime 模块。

通过 strptime 转换出来的结果为时间元组，将它转换为秒数，示例如下：

```
>>> time.mktime(time.strptime("2017/09/30 09:30:20","%Y/%m/%d %H:%M:%S"))
1506735020.0
```

```
>>> time.mktime(time.strptime("09:30:20","%H:%M:%S"))
TracebacK(most recent call last):
  File "<stdin>", line 1, in <module>
OverflowError: mktime argument out of range
```

没有指定到日期的时间元组是没有办法转换成 tick 时间格式的。若要进行单纯的日内时间转换则可参考**技巧 20** 和**技巧 21**。

4．datetime 进阶应用

在 Python 中，datetime 时间模块可以帮助我们进行更有效的时间计算。

在后面的示例中，会通过 datetime 模块进行时间判断，原因是期货交易所公布信息的时间间隔最小到百分之一秒，time 模块并不支持这个微小的时间单位，而 datetime 中的时间格式最小可以支持到微秒（micro second），也就是百万分之一秒。

time 模块所支持的最小时间单位是 s（秒），例如 12:30:30；datetime 模块可以支持到 ms（微秒）。下面对 datetime、strptime 函数的操作进行介绍。

```
>>> import datetime
>>> datetime.datetime.strptime("12:30:30.43","%H:%M:%S.%f")
datetime.datetime(1900, 1, 1, 12, 30, 30, 430000)
```

转换之后，可以进行时间大小的判断。如果没有日期参数，会统一由 1900/1/1 来默认填值，所以从日内交易的角度来说，该函数是可以直接用来进行时间判断的。示例如下：

```
>>> import datetime
>>> datetime.datetime.strptime("12:30:30.43","%H:%M:%S.%f") > datetime.datetime.strptime("12:30:30.44","%H:%M:%S.%f")
False
>>> datetime.datetime.strptime("12:30:30.43","%H:%M:%S.%f") < datetime.datetime.strptime("12:30:30.44","%H:%M:%S.%f")
True
```

以上是将时间字符串通过 strptime 转换为时间格式后进行比较，会返回 True 或 False。

若要进行 datetime 时间格式的计算，则可通过 timedelta 函数来进行。timedelta 的参数为"日""秒"，示例如下：

```
>>> x=datetime.datetime.strptime("12:30:30.43","%H:%M:%S.%f")
>>> x
datetime.datetime(1900, 1, 1, 12, 30, 30, 430000)
>>> x + datetime.timedelta(0,1)                    #加上 1 秒
datetime.datetime(1900, 1, 1, 12, 30, 31, 430000)
>>> x - datetime.timedelta(0,1)                    #减去 1 秒
datetime.datetime(1900, 1, 1, 12, 30, 29, 430000)
```

> 说明
> 注意,必须要是 datetime 格式才能进行 timedelta 函数计算。

技巧 20 【程序】时间转换秒数函数

在我们所提供的数据中,时间格式为 HHMMSSSS,最小单位为 0.01s,而时间格式中没有特殊符号区分。例如,8451122 就是上午 8 点 45 分 11 秒,而 13284567 就是下午 1 点 28 分 45 秒。

在 Python 内部的时间处理模块中,时间格式都必须通过时间与日期搭配;而在日内交易回测的计算中,并不注重日期格式的判断处理。本技巧将提供自行处理时间的方法。

本示例所提供的时间转换秒数函数是通过时间格式为 HHMMSSSS 来进行转换的。若通过其他时间格式转换,就必须微调程序代码。

以下是时间转换秒数的函数程序代码,输入值必须为 8 位时间字符串,结果会返回总秒数:

```
def TimetoNumber(time):
 time=time.zfill(8)
 sec=int(time[:2])*360000+int(time[2:4])*6000+int(time[4:6])*100+int(time[6:8])
 return sec
```

该函数为了适应 7 位字符(8450830)和 8 位字符(13300000)的输入情况,将时间数据输入后会先补齐 8 位数(zfill),接着才进行秒数转换。

执行过程如下:

```
>>> def TimetoNumber(time):
...     time=time.zfill(8)
...     sec=int(time[:2])*360000+int(time[2:4])*6000+int(time[4:6])*100+int(time[6:8])
...     return sec
...
>>> TimetoNumber('8450830')
3150830
>>> TimetoNumber('13300000')
4860000
```

技巧 21 【程序】秒数转换时间函数

接着上一个技巧,将时间转换成秒数后,也可以将秒数转换成时间,这两个函数搭配的时机是要进行时间计算的时候。例如,目前是 9 点 45 分,要加上 30 分钟,如果是通过时间格式直接相加就会变成 9 点 75 分,是错误的。必须将时间先换成秒数,通过秒数相加后再转换为时间格式,这才是正确的做法。

正确的时间计算流程如下:

时间格式 9450000→转换为秒数 3510000→加上秒数 270000→秒数总和为 3780000→转换回时间格式 10300000。

以下是秒数转换成时间的函数程序代码,输入值必须为数值(总秒数),结果返回 8 位时间字符串:

```
def NumbertoTime(sec):
 TOS=str(sec%100).zfill(2)
 TTime=sec/100
 TS=str(TTime%60).zfill(2)
 TTime=TTime/60
 TM=str(TTime%60).zfill(2)
 TTime=TTime/60
 TH=str(TTime%60).zfill(2)
 return TH+TM+TS+TOS
```

执行过程如下:

```
>>> def NumbertoTime(sec):
...     TOS=str(sec%100).zfill(2)
...     TTime=sec//100
...     TS=str(TTime%60).zfill(2)
...     TTime=TTime//60
...     TM=str(TTime%60).zfill(2)
...     TTime=TTime//60
...     TH=str(TTime%60).zfill(2)
...     return TH+TM+TS+TOS
...
>>> NumbertoTime(3150830)
'08450830'
```

技巧 22 【程序】固定时间内的高开低收量

在策略开发中,将常用的功能做成函数,在之后的编写程序中就能够减少许多麻烦。

计算固定时间的高开低收量能够应用在许多方面,比如计算 K 线值、取当前的高开低收等。

现在我们就试着思考应该如何在庞大的数据量中取得高开低收量。首先必须把固定时间区段数据取出,接着我们会通过循环来进行数据筛选,然后会将固定时间区段数据进行处理,取得高开低收量。以下通过示例来介绍如何获取固定时间区段内的高开低收量。

以下程序代码通过列表来进行数据获取,在 Python 中可以通过该方式直接对列表对象做条件判断,有点类似于获取子集合的概念(可参考**技巧 7**)。

文件名:22.py

```
# 取 I020,依照逗号分隔,并将分隔符号去除
I020 = [ line.strip('\n').split(",") for line in open('Futures_20170815_I020.csv')][1:]
# 取得特定时间的价格数据
p= [int(line[4]) for line in I020 if int(line[0])>8590000 and int(line[0])<9000000]
# 取得特定时间的总量数据
q= [int(line[6]) for line in I020 if int(line[0])>8590000 and int(line[0])<9000000]
# 列出高开低收量
print (p[0],p[-1],min(p),max(p),q[-1]-q[0])
```

执行过程如下:

```
>>> I020 = [ line.strip('\n').split(",") for line in open('Futures_20170815_I020.csv')][1:]
>>>
>>> p= [int(line[4]) for line in I020 if int(line[0])>8590000 and int(line[0])<9000000]
>>> q= [int(line[6]) for line in I020 if int(line[0])>8590000 and int(line[0])<9000000]
>>>
>>> print (p[0],p[-1],min(p),max(p),q[-1]-q[0])
10309 10312 10308 10313 905
>>>
```

技巧 23 【程序】获取指定时间的价格与数量

在过去的金融数据中,要获取某个时间点的当前价量,只通过单一时间的条件判断很可能会产生错误。因为并不是每个时间点都会有成交信息,所以在获取当前价格时必须去获取当前时间以前最新的一笔数据。举个例子:要获取 9 点整的当前价量,就要获取时间 "9000000" 当下的值,因为这个时间可能不会有成交信息,所以必须取时间 "9000000" 以前的数据,并且读取该区段最新的一笔数据。

本例将获取 9 点整的最新成交价,所以程序会取 9 点整以前的数据,并且取得最后一笔数据作为当前最新的成交价,程序如下:

文件名：23.py

```
# 取 I020，依照逗号分隔，并将分隔符号去除
I020 = [ line.strip('\n').split(",") for line in open('Futures_20170815_I020. csv')][1:]
# 取得特定时间前的价格数据
p= [int(line[4]) for line in I020 if int(line[0])<9000000]
# 取得特定时间前的总量数据
q= [int(line[6]) for line in I020 if int(line[0])<9000000]
print (p[-1],q[-1])
```

```
>>> I020 = [ line.strip('\n').split(",") for line in open('Futures_20170815_I020.
csv')][1:]
>>>
>>> p= [int(line[4]) for line in I020 if int(line[0])<9000000]
>>> q= [int(line[6]) for line in I020 if int(line[0])<9000000]
>>>
>>> print (p[-1],q[-1])          #9点整的最新当前价和当前总量
10312 12904
```

技巧 24 【程序】计算移动平均价格

对于金融交易者来说，MA 是常使用的指标，而计算 MA 也就成了必备的一项技能。

要计算我们所提供的逐笔数据格式，就必须自己计算 MA 才能绘制出配合 MA 线的图表。另外，在回测、即时的算法程序中也都必须自行计算 MA 值。

在计算 MA 值以前，必须先定义周期（周期就是计算的时间区段，如时、分、秒），接着定义长度。常用的 MA 长度为 5/10/20 等。MA 长度越长，MA 线的波动度越低。

以往我们看到的 MA 都是依据分 K 线图来搭配绘制，但是本书提供的示例为逐笔撮合数据，所以计算的方式会依据前 $n-1$ 分钟的收盘价加上最新的一笔成交价做计算。

定义完成后，就可以开始通过 Python 计算 MA 值了。以 10 分钟 MA 为例，程序代码如下：

文件名：24.py

```
# 时间转数值
def TimetoNumber(time):
 time=time.zfill(8)
 sec=int(time[:2])*360000+int(time[2:4])*6000+int(time[4:6])*100+int(time[6:8])
 return sec
# 取 I020，依照逗号分隔，并将分隔符号去除
I020 = [ line.strip('\n').split(",") for line in open('Futures_20170815_I020.csv')][1:]
# 定义相关变量
MAarray = []
```

```
MA = []
MAValue = 0
STime = TimetoNumber('08450000')
Cycle = 6000
MAlen = 10
# 开始进行MA计算
for i in I020:
 time=i[0]
 price=int(i[4])
 if len(MAarray)==0:
  MAarray+=[price]
 else:
  if TimetoNumber(time)<STime+Cycle:
   MAarray[-1]=price
  else:
   if len(MAarray)==MAlen:
    MAarray=MAarray[1:]+[price]
   else:
    MAarray+=[price]
   STime = STime+Cycle
MAValue=float(sum(MAarray))/len(MAarray)
MA.extend([[time,MAValue]])
print (time,MAValue)
```

通过 CMD 执行 Python 命令，执行过程如下：

```
>>>python 24.py
8471781 10302.0
8471781 10302.0
8471793 10302.0
8471843 10302.0
8471843 10302.3333333
8471856 10302.3333333
8471868 10302.3333333
8471881 10302.3333333
8471906 10302.3333333
8471931 10302.3333333
8471943 10302.6666667
8471943 10302.6666667
8471981 10302.3333333
8471981 10302.3333333
8471981 10302.0
```

若直接进入 Python 逐行执行该技巧程序，则执行完成后可以通过 MA 对象查看数据，操作如下：

```
>>> MA[0:10]
[['8450010', 10310.0], ['8450011', 10309.0], ['8450011', 10309.0], ['8450011',
10310.0], ['8450011', 10310.0], ['8450011', 10309.0], ['8450011', 10309.0], ['8450013',
10310.0], ['8450013', 10310.0], ['8450013', 10310.0]]
```

第 3 章
Python 的图表绘制

Python 虽说是一款大数据分析语言，善于进行数据处理以及分析计算，但产生的结果往往是纯文字显示的，对于信息接收者来说或许稍微乏味了点，这时就需要图表的辅助了。

本章将会依据金融技术指标图表的需求进行介绍，如折线图、直方图、K 线图等，通过绘图的方式来了解金融脉动。

在 Python 中，没有内置的绘图函数库，必须安装额外的包。本章将通过 matplotlib 包来讲解图表绘制。

技巧 25 【操作】安装绘图包

matplotlib 是 Python 的绘图包，其中包含大量的绘图工具，可以通过它进行多种图表的绘制。数据可视化也是 Python 在科学领域中迅速发展的原因之一。

开启管理者权限的 CMD，安装 matplotlib 包，安装命令如下：

pip install matplotlib

> 说明
>
> 通过 pip 安装包，详情请参考技巧 8。

安装过程如下：

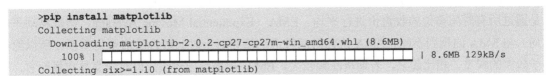

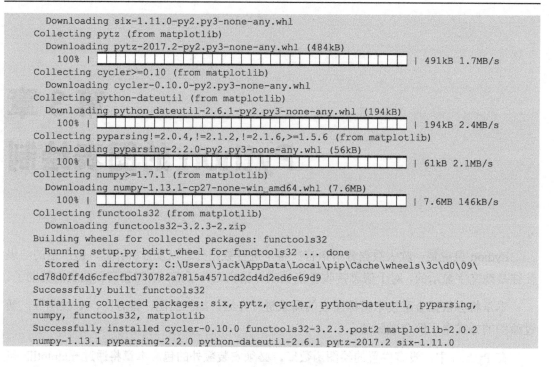

安装完成后,就可以在 Python 中导入该包了,过程如下:

```
>>> import matplotlib
>>>                                    #若无错误信息,代表该包被正确导入
```

技巧 26 【概念】折线图与 MA 的关联性

价格折线图本身是以成交价作为 y 轴、时间作为 x 轴所绘制出来的图形。以期货来说,成交价格波动大,所以在观察期货价格波动规则时,不易通过单一的价格折线图找到规律,这时就可以搭配 MA 指标来进行分析。下面通过 SMA 来介绍 MA。

MA 的全名为移动平均线,也就是通过最近的价格进行平均,MA 的定义会分为周期与时间单位,常用的周期为"分",所以 10 分 MA 也就代表通过前 10 分钟内每分钟的收盘价来计算出平均数。

MA 可分为多种类型,常用的是 SMA(Simple Moving Average,简单移动平均),也就是通过所有时间单位的收盘价进行平均。EMA(Exponential Moving Average,指数移动平均)与 SMA 的规则不同,EMA 认为时间较近的值相对于时间较远的值更为重要,所以给予较大的权重。相比起来,若期货涨幅较大,EMA 指数反应较快,但对于交易市场而言,有可能因为误判趋势而太早进场，导致止损出场。各种指标各有利弊，应结合形势进行分析。

价格折线与 MA 线关联有多种看法，当价格大于 MA 值，代表许多人将筹码压在平均值上，代表人们希望用更佳的价格平仓，所以持续看涨；相反，也有许多人认为价格最终会回归平均值，所以会逆势操作。当我们认为 MA 指标没有办法构成价格买卖的条件时，会通过其他指标或大盘行情加以判断。

通常如果当前价格突破 MA 指标，就代表趋势正在进行，所以也有许多交易者会将 MA 穿越当作交易策略的买进卖出点，我们在后面章节的交易策略技巧中也会提到。

技巧 27 【程序】绘制价格折线图

用 Python 绘制价格折线图需要获取成交价格的数据。期货交易所通过 I020 表来进行成交价格揭示，我们会将成交价格的数据进行图表绘制。

在 Python 中，绘制时间序列的函数 plot_date 与一般的 plot 函数相同，差别仅在于当 x 轴或 y 轴单位为时间格式时用 plot_date 函数绘图能够直接显示时间格式。

通过 plot 绘制图形时，可以设置绘制图形的风格，包含颜色、线图的种类。例如，"r-"代表红色（red）的实线图、"bo"代表蓝色（blue）的点图。

下面介绍 plot 绘制的线型（见表 3-1）。

表 3-1　　　　　　　　　　　　　plot 绘制的线型

种类	说明
.	点图
-	实线图
-.	点线图
:	点图
--	虚线图
o	圆点
s	方块
^、>、<	向上三角形、向右三角形、向左三角形
空白键	空白
None	空值

绘制价格折线图，程序代码如下：

文档名：27.py

```python
# -*- coding: UTF-8 -*-

# 导入相关包及函数
import matplotlib.pyplot as plt
import matplotlib.dates as mdates
import datetime

# 取得成交信息
I020 = [ line.strip('\n').split(",") for line in open('Futures_20170815_I020.csv')][1:]
# 将时间字符串转换至时间格式
Time = [ datetime.datetime.strptime(line[0],"%H%M%S%f") for line in I020 ]
# 通过mdates.date2num函数将datetime时间格式转换为绘图专用的时间格式
Time1 = [ mdates.date2num(line) for line in Time ]
# 价格由字符串转为数值
Price = [ int(line[4]) for line in I020 ]

# 定义图表对象
ax = plt.figure(1)         #第一张图片
ax = plt.subplot(111) #该张图片仅一个图案
# 以上两行可简写为如下一行
# fig,ax = plt.subplots()

# 绘制图案
# plot_date(x轴对象, y轴对象, 线风格)
ax.plot_date(Time1, Price, 'k-')
# 定义title
plt.title('Price Line')

# 定义 x 轴
hfmt = mdates.DateFormatter('%H:%M:%S')
ax.xaxis.set_major_formatter(hfmt)

# 显示绘制图表
plt.show()
```

绘制图表，如图 3-1 所示。

图 3-1

技巧 28 【程序】绘制一个与 MA 重叠的图表

绘制完价格折线图后，就需要绘制价格折线配合 MA 指标图。在**技巧 27** 中介绍了 plot 函数，本技巧将会介绍如何在一个图表中叠加图形。

MA 计算在**技巧 24** 中有详细介绍，以下示例将会对该程序进行 MA 计算后绘制图表。

要新增 MA 线，需要通过 lines 函数叠加图形。在绘制 MA 之前，要先参考**技巧 24**（MA 的计算），在计算完成后就可以开始绘制 MA 线了。

文件名：28.py

```python
# -*- coding: UTF-8 -*-

# 导入相关包及函数
import matplotlib.pyplot as plt
import matplotlib.dates as mdates
import datetime

# 时间转数值函数
def TimetoNumber(time):
 time=time.zfill(8)
 sec=int(time[:2])*360000+int(time[2:4])*6000+int(time[4:6])*100+int(time[6:8])
 return sec

# 导入成交信息
I020 = [ line.strip('\n').split(",") for line in open('Futures_20170815_I020.csv')][1:]

# 定义MA相关变量
MAarray = []
MA = []
MAValue = 0
STime = TimetoNumber('08450000')
Cycle = 6000
MAlen = 10

# 开始进行MA计算
for i in I020:
 time=i[0]
 price=int(i[4])
 if len(MAarray)==0:
  MAarray+=[price]
 else:
  if TimetoNumber(time)<STime+Cycle:
   MAarray[-1]=price
  else:
   if len(MAarray)==MAlen:
```

```
        MAarray=MAarray[1:]+[price]
      else:
        MAarray+=[price]
      STime = STime+Cycle
   MAValue=float(sum(MAarray))/len(MAarray)
   MA.extend([MAValue])

# 将时间字符串转换至时间格式
Time = [ datetime.datetime.strptime(line[0],"%H%M%S%f") for line in IO20 ]
# 通过 mdates.date2num 函数，将 datetime 时间格式转换为绘图专用的时间格式
Time1 = [ mdates.date2num(line) for line in Time ]
# 价格由字符串转为数值
Price = [ int(line[4]) for line in IO20 ]

# 定义图表对象
ax = plt.figure(1)         #第一张图片
ax = plt.subplot(111)  #该张图片仅一个图案
# 以上两行可简写为如下一行
#   fig,ax = plt.subplots()

# 定义 title
plt.title('Price&MA Line')
# 绘制价格折线图
ax.plot_date(Time1, Price, 'k-')
# 绘制 MA 折线图
ax.plot_date(Time1, MA, 'r-')

# 定义 x 轴
hfmt = mdates.DateFormatter('%H:%M:%S')
ax.xaxis.set_major_formatter(hfmt)

# 显示绘制图表
plt.show()
```

绘制图表，如图 3-2 所示，其中较浅色（平滑）的线为 MA 线。

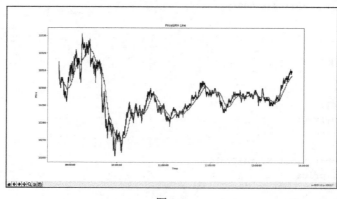

图 3-2

技巧 29 【概念】委托档的意义与用法

在期货交易所的报价表格中,有一个表为商品累计委托量信息(I030),该表的表头如下:

时间,商品,委托买笔数,委托买手数,委托卖笔数,委托卖手数

期货分为买、卖方,而每次委托下单都是 1 笔委托手数,手数则由交易者自订,最高限制为每笔单 100 手[①]。例如:

8305131,TXFH7,129,388,146,479

这笔数据所代表的意思是,目前时间为 8 点 30 分 51.31 秒,委托买笔为 129 笔,委托买手数为 388 手,委托卖笔为 146 笔,委托卖手数为 479 手。这笔数据也隐含另外一个意思,只要分别将买卖的总手数除以总笔数,就代表平均买的手数为 3.01 手,卖的平均手数为 3.28 手,卖方的平均手数较高,代表空方平均每笔订单的交易量较高,可能是交易大户,此时可以将委托簿信息整合为策略的趋势判断。

技巧 30 【程序】价格折线和委托总量差图

了解委托的用法及其意义以后,就可以开始绘制委托相关的图了。本技巧介绍的是委托量差图。委托量差就是将委托的买方总量与卖方总量相减。例如,买方总量为 10 000,卖方总量为 12 000,此时的委托则为卖方多 2 000。

根据一整天的委托数据来看,走势与价格折线图有什么关系呢?下面通过绘制折线图来观察一下。

在 Python 中,一个图表要绘制多图形,可以通过 add_subplot 函数来实现。add_subplot 函数的参数是 3 个数字,分别表示"总行数""总列数""第几个图表"。例如,add_subplot(2,1,1)代表该图形为"2"行"1"列图表中的第"1"个图形。add_subplot(2,1,1)也可以由 add_subplot(211)简写来取代。

下面是示意程序代码,可以通过该程序代码来进行多图形绘制。

```
# 定义图表对象
fig = plt.figure(1)
```

[①] 期货交易所不同品种的期货有不同的规定,详见交易所网站。

```python
# 定义第一张图案在图表的位置
ax1 = fig.add_subplot(211)
ax1.plot()

# 定义第二张图案在图表的位置
ax2 = fig.add_subplot(212)
ax2.plot()
```

以下是绘制折线图和走势折线图的程序代码。

文件名：30-1.py

```python
# -*- coding: UTF-8 -*-

# 导入相关包及函数
import matplotlib.pyplot as plt
import matplotlib.dates as mdates
import datetime

# 导入成交信息
I020 = [ line.strip('\n').split(",") for line in open('Futures_20170815_I020.csv')][1:]
# 将时间字符串转换至时间格式
MTime = [ datetime.datetime.strptime(line[0],"%H%M%S%f") for line in I020 ]
# 通过mdates.date2num函数，将datetime时间格式转换为绘图专用的时间格式
MTime1 = [ mdates.date2num(line) for line in MTime ]
# 将价格由字符串转为数值
Price = [ int(line[4]) for line in I020 ]

# 定义图表对象
fig = plt.figure(1)
# 定义第一张图案在图表的位置
ax1 = fig.add_subplot(211)
# 绘制价格折线图
ax1.plot_date(MTime1, Price, 'b-')

# 导入委托信息
I030 = [ line.strip('\n').split(",") for line in open('Futures_20170815_I030.csv')][1:]
# 将时间字符串转换至时间格式
OTime = [ datetime.datetime.strptime(line[0],"%H%M%S%f") for line in I030 ]
# 通过mdates.date2num 函数，将datetime 时间格式转换为绘图专用的时间格式
OTime1 = [ mdates.date2num(line) for line in OTime ]
# 计算委托总量差
Amount = [ int(line[3])-int(line[5]) for line in I030 ]

# 定义第二张图案在图表的位置
ax2 = fig.add_subplot(212)
# 绘制委托价格总量差图
ax2.plot_date(OTime1, Amount, 'r-')

# 定义 x 轴时间格式
hfmt = mdates.DateFormatter('%H:%M:%S')
ax1.xaxis.set_major_formatter(hfmt)
ax2.xaxis.set_major_formatter(hfmt)

plt.show()
```

绘制图表，如图 3-3 所示。

图 3-3

由于台湾期货交易所的委托信息是从 8:30 开始揭晓（祖国大陆地区的期货交易所日盘交易的连续交易数据从 9:00 开始揭晓），所以读者可以发现图 3-3 中的两个图形 x 轴并没有完全对齐，若要将两张图表 x 轴对齐，则必须将 I030 的资料进行筛选，请参考以下程序代码。

文件名：30-2.py

```python
# -*- coding: UTF-8 -*-

# 导入相关包及函数
import matplotlib.pyplot as plt
import matplotlib.dates as mdates
import datetime

# 导入成交信息
I020 = [ line.strip('\n').split(",") for line in open('Futures_20170815_I020.csv')][1:]
# 将时间字符串转换至时间格式
MTime = [ datetime.datetime.strptime(line[0],"%H%M%S%f") for line in I020 ]
# 通过 mdates.date2num 函数，将 datetime 时间格式转换为绘图专用的时间格式
MTime1 = [ mdates.date2num(line) for line in MTime ]
# 价格由字符串转数值
Price = [ int(line[4]) for line in I020 ]
# 定义图表对象
fig = plt.figure(1)

# 定义第一张图案在图表的位置
ax1 = fig.add_subplot(211)
# 绘制价格折线图
ax1.plot_date(MTime1, Price, 'b-')

# 导入委托信息
I030 = [ line.strip('\n').split(",") for line in open('Futures_20170815_I030.csv')][1:]
I030 = [ line for line in I030 if int(line[0]) > 8450000 ]
# 将时间字符串转换至时间格式
OTime = [ datetime.datetime.strptime(line[0],"%H%M%S%f") for line in I030 ]
```

```
# 通过mdates.date2num函数，将datetime时间格式转换为绘图专用的时间格式
OTime1 = [ mdates.date2num(line) for line in OTime ]
# 计算委托总量差
Amount = [ int(line[3])-int(line[5]) for line in I030 ]

# 定义第二张图案在图表的位置
ax2 = fig.add_subplot(212)

# 绘制委托价格总量差图
ax2.plot_date(OTime1, Amount, 'r-')
# 定义 x 轴时间格式
hfmt = mdates.DateFormatter('%H:%M:%S')
ax1.xaxis.set_major_formatter(hfmt)
ax2.xaxis.set_major_formatter(hfmt)

plt.show()
```

绘制图表，如图 3-4 所示。

图 3-4

两张图表时间轴对齐后，图表的相对应关系就更容易识别了。

技巧 31 【程序】绘制委托比重线图

委托的比重线有两种定义方式，一种是通过委托的平均手数来绘制，另一种则是直接通过委托的总委托手数来绘制。读者可以依照自己的看法绘制不同的指标。

本例通过绘制委托的平均手数来绘制，绘制的程序代码如下：

文件名：31.py

```
# -*- coding: UTF-8 -*-

# 导入相关包及函数
```

```
import matplotlib.pyplot as plt
import matplotlib.dates as mdates
import datetime


# 导入成交信息
I020 = [ line.strip('\n').split(",") for line in open('Futures_20170815_I020.csv')][1:]
# 将时间字符串转换至时间格式
MTime = [ datetime.datetime.strptime(line[0],"%H%M%S%f") for line in I020 ]
# 通过mdates.date2num函数,将datetime时间格式转换为绘图专用的时间格式
MTime1 = [ mdates.date2num(line) for line in MTime ]
# 价格由字符串转为数值
Price = [ int(line[4]) for line in I020 ]

# 定义图表对象
fig = plt.figure(1)
# 定义第一张图案在图表的位置
ax1 = fig.add_subplot(211)
# 绘制价格折线图
ax1.plot_date(MTime1, Price, 'b-')

# 导入委托信息
I030 = [ line.strip('\n').split(",") for line in open('Futures_20170815_I030.csv')][1:]
I030 = [ line for line in I030 if int(line[0]) > 8450000]
# 将时间字符串转换至时间格式
OTime = [ datetime.datetime.strptime(line[0],"%H%M%S%f") for line in I030 ]
# 通过mdates.date2num函数,将datetime时间格式转换为绘图专用的时间格式
OTime1 = [ mdates.date2num(line) for line in OTime ]
# 计算委托买方平均手数
BRatio = [ float(line[3])/int(line[2]) for line in I030 ]
# 计算委托卖方平均手数
SRatio = [ float(line[5])/int(line[4]) for line in I030 ]

# 定义第二张图案在图表的位置
ax2 = fig.add_subplot(212)
# 绘制委托价格总量差图
ax2.plot_date(OTime1, BRatio, 'r-')
ax2.plot_date(OTime1, SRatio, 'g-')

# 定义x轴时间格式
hfmt = mdates.DateFormatter('%H:%M:%S')
ax1.xaxis.set_major_formatter(hfmt)
ax2.xaxis.set_major_formatter(hfmt)

plt.show()
```

绘制图表,如图 3-5 所示。

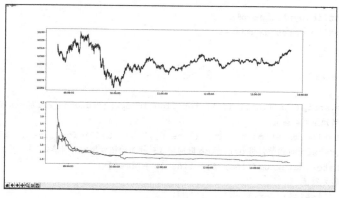

图 3-5

从平均委托买卖的数值中,有没有发现什么端倪呢?请搭配成交价格线图一同研究。

技巧 32 【程序】绘制价格线图和量能图

量能图简单来说就是一段时间间隔内的量,那为什么称为"量能图"呢?因为通常交易市场在发动趋势时,交易量会增大去创造更大的价格浮动,就图表的角度来看,交易量与价格波动有绝对的关系,因此被称为"量能图"。

价格线图在**技巧 27** 中已经做过介绍,本技巧介绍如何计算特定期间的量。首先需了解期货交易所项目的数据,期货交易所显示的数据中与成交量有关的表头有单笔成交量、总量。在这个技巧中,通过总量可以直接与上一个时间点的总量相减,这个方式就会比将每笔成交量加总有效率,也不用担心数据不齐全的问题了。

量能图通过直方图来呈现,在 Python 中是通过 matplotlib 包中的 bar 函数来实现。bar 函数常用的参数分别为"x 轴对象""y 轴对象""宽度"。

本技巧将两个图表绘制在一张图上,所以会通过 add_subplot 函数来实现,在**技巧 30**中有对该函数的介绍。

进行量能图的绘制,程序代码如下:

文件名:32.py

```
# -*- coding: UTF-8 -*-

# 导入相关包及函数
import matplotlib.pyplot as plt
import matplotlib.dates as mdates
import datetime
```

```
# 时间转数值
def TimetoNumber(time):
 time=time.zfill(8)
 sec=int(time[:2])*360000+int(time[2:4])*6000+int(time[4:6])*100+int(time[6:8])
 return sec

# 导入成交信息
I020 = [ line.strip('\n').split(",") for line in open('Futures_20170815_I020.csv')][1:]

# 定义量能变量
STime = TimetoNumber('08450000')
Cycle = 6000                        #周期为60秒
lastAmount = 0
Qty=[]

# 计算每分钟的量能
for i in I020:
 time=i[0]
 amount=int(i[6])
 if TimetoNumber(time)<STime+Cycle:
  continue
 else:
  Qty.extend([[time,amount-lastAmount]])
  STime+=Cycle
  lastAmount = amount

# 将时间字符串转换至时间格式
MTime = [ datetime.datetime.strptime(line[0],"%H%M%S%f") for line in I020 ]
# 通过mdates.date2num函数，将datetime时间格式转换为绘图专用的时间格式
MTime1 = [ mdates.date2num(line) for line in MTime ]
# 价格由字符串转为数值
Price = [ int(line[4]) for line in I020 ]
# 定义图表对象
fig = plt.figure(1)

# 定义第一张图案在图表中的位置
ax1 = fig.add_subplot(211)
# 绘制价格折线图
ax1.plot_date(MTime1, Price, 'b-')

# 将时间字符串转换至时间格式
QTime=[ datetime.datetime.strptime(line[0],"%H%M%S%f") for line in Qty ]
# 通过mdates.date2num 函数，将datetime 时间格式转换为绘图专用的时间格式
QTime1 = [ mdates.date2num(line) for line in QTime ]
# 取出量能的list
QValue=[ line[1] for line in Qty ]

# 定义第二张图案在图表的位置
ax2 = fig.add_subplot(212)
# 通过直方图来进行量能绘制
ax2.bar(QTime, QValue,width=0.0005)
# 通过直线图，也能够达成相同效果，程序如下
ax2.vlines(QTime,[0],QValue)

# 定义x 轴时间格式
```

```
hfmt = mdates.DateFormatter('%H:%M:%S')
ax1.xaxis.set_major_formatter(hfmt)
ax2.xaxis.set_major_formatter(hfmt)

plt.show()
```

绘制图表，如图 3-6 所示。

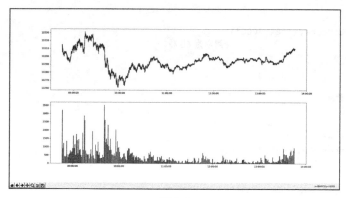

图 3-6

若通过 vlines 函数来进行量能图绘制（在 32.py 中有提供，可以自行取消注释来执行），vlines 的函数参数为"x 轴对象""y 轴起始点""y 轴对象"，效果如图 3-7 所示。

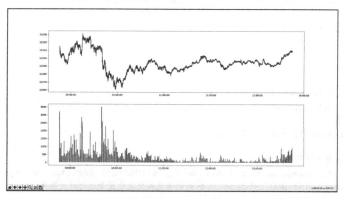

图 3-7

技巧 33 【概念】上下五档的含义与量能变化

上下五档属于委托信息，但上下五档价和委托信息是两个独立披露的表格。委托簿显示的信息为市场的买卖方手数及笔数，上下五档则是显示目前市场买卖成交的最佳上下五档价，也就是说，目前市场上的买卖方认同的价位以上及以下的五档价。举例来说，目前成交价为 10 000 点，上五档价可能落在 10 001～10 005 点，下五档可能落在 9 999～9 995 点。

上五档价格代表目前有人委托了限价卖单，并且价格高于目前市场成交价，而下五档价量代表目前有人委托了限价买单，并且价格低于市场成交价。

通常，许多投资人会根据上下五档价的变动来决定进场以及出场的时机。上下五档价格如图 3-8 所示。

另外，交易所提供委托簿的数据已经囊括了上下五档量。

内外盘也是通过上下五档价格来计算指标，上五档称为"外盘"，下五档称为"内盘"，在后面章节中会提到如何计算内外盘量。

图 3-8

技巧 34 【程序】绘制上下五档的量能分布表

期货交易所的上下五档价显示在表格 I080，所以本技巧将会通过 I080 的数据来进行介绍。

在绘制上下五档的量能图时，要先读取 I080，接着将上下五档的量分别进行加总，再进行图表绘制。

从单独的量能分布图或许没办法直接看出与价格的对应关系，所以我们会将价格折线图加上去，看看是否有相对的关系。

若要同时绘制价格折线图与上下五档量能变化图，就必须同时分别取 I020、I080 的信息，并进行绘制，程序代码如下：

文件名：34.py

```
# -*- coding: UTF-8 -*-

# 导入相关包及函数
import matplotlib.pyplot as plt
import matplotlib.dates as mdates
import datetime

# 导入成交信息
I020 = [ line.strip('\n').split(",") for line in open('Futures_20170815_I020. csv')][1:]
# 导入上下五档价量信息
I080 = [ line.strip('\n').split(",") for line in open('Futures_20170815_I080. csv')][1:]
I080 = [ line for line in I080 if int(line[0])>8450000 ]

# 将时间字符串转换至时间格式
MTime = [ datetime.datetime.strptime(line[0],"%H%M%S%f") for line in I020 ]
# 通过 mdates.date2num 函数，将 datetime 时间格式转换为绘图专用的时间格式
```

```
MTime1 = [ mdates.date2num(line) for line in MTime ]
# 价格由字符串转为数值
Price = [ int(line[4]) for line in I020 ]

# 定义图表对象
fig = plt.figure(1)
# 定义第一张图案在图表的位置
ax1 = fig.add_subplot(211)

# 绘制价格折线图
ax1.plot_date(MTime1, Price, 'b-')

# 将时间字符串转换至时间格式
UpDnTime=[ datetime.datetime.strptime(line[0],"%H%M%S%f") for line in I080 ]
# 通过mdates.date2num函数,将datetime时间格式转换为绘图专用的时间格式
UpDnTime1 = [ mdates.date2num(line) for line in UpDnTime ]
# 取得下五档委托总量
DnQty=[ (int(line[3])+int(line[5])+int(line[7])+int(line[9])+int(line[11]))*-1 for line in I080 ]
# 取得上五档委托总量
UpQty=[ int(line[13])+int(line[15])+int(line[17])+int(line[19])+int(line[21]) for line in I080 ]

# 定义第二张图案在图表的位置
ax2 = fig.add_subplot(212)
# 绘制上下五档量能图
ax2.vlines(UpDnTime1,[0],UpQty,'r')
ax2.vlines(UpDnTime1,DnQty,[0],'g')

# 定义 x 轴时间格式
hfmt = mdates.DateFormatter('%H:%M:%S')
ax1.xaxis.set_major_formatter(hfmt)
ax2.xaxis.set_major_formatter(hfmt)

plt.show()
```

执行程序后,如图 3-9 所示。

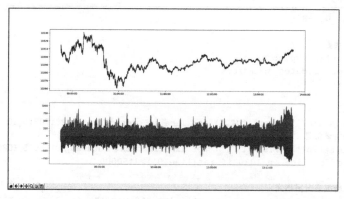

图 3-9

技巧 35 【程序】绘制上下五档平均价格走势图

期货交易所的上下五档价都显示在表格 I080 中,所以本技巧将会通过 I080 的数据来进行处理与图表绘制。我们先读取 I080,接着将上下五档的价格搭配量进行加权平均,再进行图表绘制。

若要同时绘制价格折线图与上下五档平均价格变化图,就必须同时分别取 I020、I080 的信息,并进行绘制,程序代码如下:

文件名:35.py

```
# -*- coding: UTF-8 -*-

# 导入相关包及函数
import matplotlib.pyplot as plt
import matplotlib.dates as mdates
import datetime

# 导入成交信息
I020 = [ line.strip('\n').split(",") for line in open('Futures_20170815_I020.csv')][1:]
# 导入上下五档价格信息
I080 = [ line.strip('\n').split(",") for line in open('Futures_20170815_I080.csv')][1:]
I080 = [ line for line in I080 if int(line[0])>8450000 ]

# 将时间字符串转换至时间格式
MTime = [ datetime.datetime.strptime(line[0],"%H%M%S%f") for line in I020 ]
# 通过 mdates.date2num 函数,将 datetime 时间格式转换为绘图专用的时间格式
MTime1 = [ mdates.date2num(line) for line in MTime ]
# 价格由字符串转为数值
Price = [ int(line[4]) for line in I020 ]

# 定义图表对象
fig = plt.figure(1)
# 定义第一张图案在图表的位置
ax1 = fig.add_subplot(111)
# 绘制价格折线图
ax1.plot_date(MTime1, Price, 'b-')

# 将时间字符串转换至时间格式
UpDnTime=[ datetime.datetime.strptime(line[0],"%H%M%S%f") for line in I080 ]
# 通过 mdates.date2num 函数,将 datetime 时间格式转换为绘图专用的时间格式
UpDnTime1 = [ mdates.date2num(line) for line in UpDnTime ]
# 获取下五档加权平均价
DnAvgP=[ ( int(line[2])*int(line[3])+int(line[4])*int(line[5])+int(line[6])*int(line[7])+
int(line[8])*int(line[9])+int(line[10])*int(line[11]) ) / (int(line[3])+int(line[5])+int(line[7])+
int(line[9])+int(line[11])) for line in I080 ]
# 获取上五档加权平均价
UpAvgP=[ (int(line[12])*int(line[13])+int(line[14])*int(line[15])+int(line[16])*int
```

```
(line[17])+int(line[18])*int(line[19])+int(line[20])*int(line[21]) ) /(int(line[13])+int(line
[15])+int(line[17])+int(line[19])+int(line[21])) for line in I080 ]

# 进行上下平均价格线图绘制
ax1.plot_date(UpDnTime1, DnAvgP, 'g-')
ax1.plot_date(UpDnTime1, UpAvgP, 'r-')

# 定义 x 轴时间格式
hfmt = mdates.DateFormatter('%H:%M:%S')
ax1.xaxis.set_major_formatter(hfmt)
plt.show()
```

其中，价格走势为蓝线，上五档平均价格走势为红线，下五档平均价格走势为绿线。执行程序后，如图 3-10 所示。

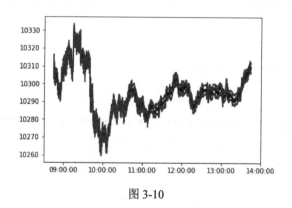

图 3-10

技巧 36 【概念】K 线图的解读

K 线又称为蜡烛线、阴阳线或红黑线等，源于日本德川幕府时代，当时用来记录米价的波动，后来被应用于股票与期货市场，在东南亚地区特别流行，并发展出独到的一门 K 线形态学。

K 线源于日本，被写作"罫"，而该字音译为 kei，因此就以第一个字 K 翻译为 Kline，也就是现在所说的 K 线。K 线表示出一个时间区段[①]的 4 个价位信息：开盘价（Open）、最高价（High）、最低价（Low）、收盘价（Close）。这 4 个价位信息常简称为 OHLC。

[①] 一般常见的时间区段包括分、时、日、周、月、季，因此在 K 线之前会加上时间单位，如"日 K 线"代表以日为单位的开高低收 4 个价格。时间区段越短，精度度越高。一般坊间能取到的最小单位为"分 K"，如果能取到秒以下的信息就属于高频数据的范畴了。

> **说明**
>
> K 线代表一个时间区段内的数值信息呈现出的一种图表变化,可视为统计信息的一类。K 线无法呈现逐笔的行情信息,如果要了解每一笔的变化,需要读取 tick 数据(即最小周期区间的逐笔信息,通俗来说就是每跳信息)。

在 K 线中,我们会通过类似蜡烛的图形来表示这 4 个信息,可以想象成一根直立的蜡烛,上下都有烛心,蜡烛本体的部分为开盘与收盘的范围,上面烛心的顶端是最高价,而下面烛心的底端为最低价,如图 3-11 所示。

如果收盘价高于开盘价,代表趋势往上,会以红色(用红色表示上涨;而欧美相反,以绿色表示安全)表示,这时开盘价就在下方,收盘价在上方;如果收盘价低于开盘价,代表趋势往下,会以绿色(用绿色表示下跌;而欧美相反,会以红色表示警告)表示,这时开盘价就在上方,收盘价在下方,如图 3-12 所示。

另一种表现方式以实心表示上涨(红 K),空心表示下跌(绿 K),如图 3-13 所示。

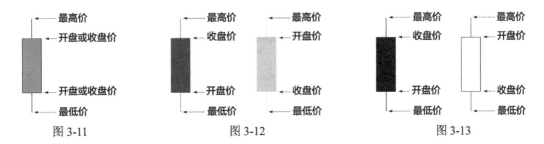

图 3-11　　　　　　图 3-12　　　　　　图 3-13

而 K 线是目前交易指标中常被用来观察价格变化的图表,依照每个投资人交易风格的不同会关注不同周期的 K 线。长线投资人往往会看月 K、日 K;短线交易者,则会看 30 分 K、1 分 K 等,依据 K 线不同的表现进行解读。

技巧 37 【程序】绘制 K 线图

在 Python 中,matplotlib 包中有 finance 系列,提供的函数都是用来进行 K 线图表绘制以及量能图绘制的。在 matplotlib 包官方网站中,有该系列的详细介绍。

本技巧将会通过 finance 系列函数来制作 K 线图,大家可以通过网络上的免费信息来绘制某些商品的日 K,但这里将教大家如何通过逐笔数据转换成 K 线图的数据(时间周期可自定义)。若要调整时间周期,可以修改本技巧代码中的 Cycle 变量,示例默认的时间周期为 1 分钟(6 000,时间单位最小至百分之一秒),可依照需求设置为 3 分(18 000)、5

分(30 000)、10 分(60 000)等时间周期。

该包中绘制 K 线图的函数为 candlestick_ohlc、candlestick2_ohlc，差别在于输入的数据格式稍微不同。本例将会通过 candlestick_ohlc 函数来进行介绍，candlestick_ohlc 函数所需要的数据称为 quotes。quotes 实际上是一个 list 对象，其中包含"时间""开盘价""最高价""最低价""收盘价"等字段。

在 Python 中，K 线图与量能指标并不是通过同一个函数就能进行绘制的，必须分别绘制。本技巧将会依序介绍绘制 K 线图以及增加量能指标。

K 线图的数据字段分为时间、开盘价、最高价、最低价、收盘价，并需要通过 I020 的成交价来配合计算，而每分钟的量能则需要通过成交量来进行计算。

以下是计算 K 线以及绘制 K 线的程序。

文件名：37-1.py

```python
# -*- coding: UTF-8 -*-

# 导入相关包及函数
import datetime
import matplotlib.pyplot as plt
import matplotlib.dates as mdates
from matplotlib.finance import candlestick_ohlc

# 时间转数值
def TimetoNumber(time):
    time=time.zfill(8)
    sec=int(time[:2])*360000+int(time[2:4])*6000+int(time[4:6])*100+int(time[6:8])
    return sec

# 数值转时间
def NumbertoTime(sec):
    HH=sec/360000;
    strHH=('00'+str(int(HH)))[-2:]
    MM=(sec-(int(HH)*360000))/6000;
    StrMM=('00'+str(int(MM)))[-2:]
    SS=(sec-(int(HH)8360000)-(int(MM)*6000))/100;
    StrSS=('00'+str(int(SS)))[-2:]
    sss=sec-(int(HH)*360000)-(int(MM)*6000)-int(SS)*100;
    return strHH+":"+strMM+":"+strSS;

# 获取成交信息
I020 = [ line.strip('\n').split(",") for line in open('Futures_20170815_I020. csv')][1:]
# 设置 K 线初始变量
STime = TimetoNumber('08450000')
# 设置 K 线周期
Cycle = 6000
OHLC=[]
lastAmount=0
```

```
# 计算每分钟的OHLC
for i in I020:
    time = TimetoNumber(i[0])
    price = int(i[4])
    amount = int(i[6])
    if len(OHLC)==0:
     OHLC+=[[mdates.date2num(datetime.datetime.strptime(NumbertoTime(STime+Cycle),"%H%M%S")),
price,price,price,price,0]]
    if time<STime+Cycle:
        if price>OHLC[-1][2]:
            OHLC[-1][2]=price
        if price<OHLC[-1][3]:
            OHLC[-1][3]=price
            OHLC[-1][4]=price
    else:
        OHLC[-1][5]=amount-lastAmount
        lastAmount=amount
        STime+=Cycle
        OHLC+=[[mdates.date2num(datetime.datetime.strptime(NumbertoTime(STime+Cycle),"%H%M%S")),
price,price,price,price,0]]

# 定义图表对象
fig = plt.figure(1)
# 定义第一张图案在图表的位置
ax1 = fig.add_subplot(111)

# 绘制K线图
candlestick_ohlc(ax1, OHLC, width=0.0005, colorup='r', colordown='g')

# 定义x轴时间格式
hfmt = mdates.DateFormatter('%H:%M')
ax1.xaxis.set_major_formatter(hfmt)

plt.show()
```

绘制K线图，如图3-14所示。

图 3-14

若要加上每分钟量，则必须另外绘制上去，以下是K线图加上分钟量的完整程序。

文件名：37-2.py

```python
# -*- coding: UTF-8 -*-

# 导入相关包及函数
import datetime
import matplotlib.pyplot as plt
import matplotlib.dates as mdates
import matplotlib
from matplotlib.finance import import candlestick_ohlc

# 时间转数值
def TimetoNumber(time):
    time=time.zfill(8)
    sec=int(time[:2])*360000+int(time[2:4])*6000+int(time[4:6])*100+int(time[6:8])
    return sec

# 数值转时间
def NumbertoTime(sec):
 HH=sec/360000;
 StrHH=('00'+str(int(HH)))[-2:]
 MM=(sec-(int(HH)*360000))/6000;
 Strmm=('00'+str(int(MM)))[-2:]
 SS=(sec-(int(HH)*360000)-(int(MM)*6000))/100;
 StrSS=('00'+str(int(SS)))[-2:]
 sss=sec-(int(HH)*360000)-(int(MM)*6000)-int(SS)*100;
 return strHH+":"+strMM+":"+strSS;

# 获取成交信息
I020 = [ line.strip('\n').split(",") for line in open('Futures_20170815_I020. csv')][1:]
# 设置K线初始变量
STime = TimetoNumber('08450000')
# 设置K线周期
Cycle = 6000
OHLC=[]
lastAmount=0
# 计算每分钟的OHLC
for i in I020:
    time = TimetoNumber(i[0])
    price = int(i[4])
    amount = int(i[6])
    if len(OHLC)==0:
        OHLC+=[[mdates.date2num(datetime.datetime.strptime(NumbertoTime(STime+Cycle),"%H%M%S")),price,price,price,price,0]]
    if time<STime+Cycle:
        if price>OHLC[-1][2]:
            OHLC[-1][2]=price
        if price<OHLC[-1][3]:
            OHLC[-1][3]=price
        OHLC[-1][4]=price
        else:
            OHLC[-1][5]=amount-lastAmount
        lastAmount=amount
```

```
                    STime+=Cycle
                    OHLC+=[[mdates.date2num(datetime.datetime.strptime(NumbertoTime(STime+
Cycle),"%H%M%S")),price,price,price,price,0]]

    # 定义图表对象
    fig = plt.figure(1)
    # 定义第一张图案在图表的位置
    ax1 = fig.add_subplot(111)

    # 绘制 K 线图
    candlestick_ohlc(ax1, OHLC, width=0.0005, colorup='r', colordown='g')

    # 设置 K 线图占图表版面比例
    pad = 0.25
    yl = ax1.get_ylim()
    ax1.set_ylim(yl[0]-(yl[1]-yl[0])*pad,yl[1])

    # 定义时间数组、量数组
    Time= [ line[0] for line in OHLC ]
    Qty= [ line[5] for line in OHLC ]

    # 设置两张图表重叠
    ax2 = ax1.twinx()
    #绘制量能图
    ax2.bar(Time, Qty, color='gray', width = 0.0005, alpha = 0.75)
    # 将量能图定位在 K 线图下方
    ax2.set_position(matplotlib.transforms.Bbox([[0.125,0.11],[0.9,0.275]]))

    # 定义 x 轴时间格式
    hfmt = mdates.DateFormatter('%H:%M')
    ax1.xaxis.set_major_formatter(hfmt)

    plt.show()
```

绘制 K 线图,如图 3-15 所示。

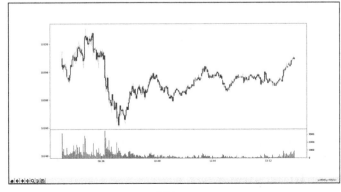

图 3-15

技巧 38 【程序】绘制价格和点位图表

绘制价格和点位图表，可在折线图中特定价格上标示点位。在台指期货中，我们可以通过标记点位来标注特定的时间价格。例如：某个时间点突然产生大笔的成交量，或者是在折线图中标示期权目前的履约价格。

在本示例中，会获取成交价量信息，通过数据中的成交买笔数与成交卖笔数来制作一个有趣的指标。由于这两个字段都是累积信息，因此当我们可以得知目前的单笔成交信息中买的增加笔数以及卖的增加笔数时，就可以得知一笔买单吃掉了多少笔卖单或者一笔卖单吃掉了多少笔买单。下面就用这个指标来绘制点位图表。

简单来说，假设 1 笔买单吃了 30 笔卖单，即这笔成交信息可能代表着 1 个人与 30 个人的委托单成交，也就代表着目前市场的大户可能在买方。本技巧通过将 1 笔买单成交到 30 笔卖单或者 1 笔卖单成交到 30 笔买单来做点位图的绘制。

绘制点位图表，要先了解 x 轴与 y 轴的数据形态，否则无法正确将点位绘制上去。程序代码如下：

文件名：38.py

```
# -*- coding: UTF-8 -*-

# 导入相关包及函数
import matplotlib.pyplot as plt
import matplotlib.dates as mdates
import datetime

# 取得成交信息
I020 = [ line.strip('\n').split(",") for line in open('Futures_20170815_I020.csv')][1:]
BPoint=[]
SPoint=[]
for i in range(1,len(I020)):
 diffBOrder=int(I020[i][7])-int(I020[i-1][7])
 diffSOrder=int(I020[i][8])-int(I020[i-1][8])
 if diffBOrder==1 and diffSOrder>=30:
  BPoint+=[I020[i]]
 if diffSOrder==1 and diffBOrder>=30:
  SPoint+=[I020[i]]

# 将时间字符串转换至时间格式
Time = [ datetime.datetime.strptime(line[0],"%H%M%S%f") for line in I020 ]
# 通过mdates.date2num函数，将datetime时间格式转换为绘图专用的时间格式
Time1 = [ mdates.date2num(line) for line in Time ]
# 价格由字符串转为数值
Price = [ int(line[4]) for line in I020 ]

# 将时间字符串转换至时间格式
```

```
BPTime = [ datetime.datetime.strptime(line[0],"%H%M%S%f") for line in BPoint ]
# 通过mdates.date2num函数，将datetime时间格式转换为绘图专用的时间格式
BPTime1 = [ mdates.date2num(line) for line in BPTime ]
# 价格由字符串转为数值
BPPrice = [ int(line[4]) for line in BPoint ]

# 将时间字符串转换至时间格式
SPTime = [ datetime.datetime.strptime(line[0],"%H%M%S%f") for line in SPoint ]
#通过mdates.date2num函数，将datetime时间格式转换为绘图专用的时间格式
SPTime1 = [ mdates.date2num(line) for line in SPTime ]
#价格由字符串转为数值
SPPrice = [ int(line[4]) for line in SPoint ]

# 定义图表对象
ax = plt.figure(1)        #第一张图片
ax = plt.subplot(111)     #该张图片仅一个图案

# 以上两行可简写为如下一行
# fig,ax = plt.subplots()

# 定义title
plt.title('Price Line')
plt.xlabel('Time')
plt.ylabel('Price')

# 绘制图案
#plot_date(x轴对象, y轴对象, 线风格)
ax.plot_date(Time1, Price, 'k-')
ax.plot_date(BPTime1, BPPrice, 'r.',markersize='8')
ax.plot_date(SPTime1, SPPrice, 'g.',markersize='8')

# 定义x轴
hfmt = mdates.DateFormatter('%H:%M:%S')
ax.xaxis.set_major_formatter(hfmt)
# 显示绘制图表

plt.show()
```

绘制图表，如图3-16所示。

图3-16

该图因印刷时的颜色无法凸显标记点,建议实操后按照需求及喜好调整标注点大小、颜色。标注点大小由 plot 函数中的 markersize 参数调整。

技巧 39 【程序】绘制绩效图表

当取得交易记录后,就可以依照交易回传的数据加以计算分析。本技巧将会通过以下文件绘制绩效图表。

profit.log 文件内容如下:

```
1,TXFA3,2012-12-20,09:29:00,7615,S,1,2012-12-20,13:24:59,7567
2,TXFA3,2012-12-21,09:44:00,7516,B,1,2012-12-21,09:48:39,7504
3,TXFA3,2012-12-24,09:23:00,7546,B,1,2012-12-24,13:24:56,7522
4,TXFA3,2012-12-25,09:20:00,7543,B,1,2012-12-25,13:24:57,7660
5,TXFA3,2012-12-26,09:17:00,7666,S,1,2012-12-26,13:24:57,7649
6,TXFA3,2012-12-27,09:35:00,7652,S,1,2012-12-27,13:24:57,7626
7,TXFA3,2012-12-28,09:31:00,7680,B,1,2012-12-28,13:24:57,7693
8,TXFA3,2013-01-02,09:31:00,7711,B,1,2013-01-02,09:41:38,7703
9,TXFA3,2013-01-03,09:14:00,7822,S,1,2013-01-03,13:24:59,7819
...
48,TXFC3,2013-03-11,09:49:00,8021,S,1,2013-03-11,10:36:10,8026
49,TXFC3,2013-03-12,09:27:00,8047,S,1,2013-03-12,09:36:20,8053
50,TXFC3,2013-03-13,09:32:00,8031,S,1,2013-03-13,13:24:59,7988
```

某些策略会符合某些时期的趋势条件,但不代表那些策略会符合长期市场的走势,毕竟交易市场是瞬息万变的,若要设计出一个长期稳定获利的策略,则必须要经过长期回测的测试。

以下为绘制绩效图表的代码。

文件名:39.py

```python
# -*- coding: UTF-8 -*-

# 导入相关包及函数
import matplotlib.pyplot as plt

# 获取成交信息
log = [ line.strip('\n').split(",") for line in open('profit.log')]
profit=0
profitList=[]
for i in log:
 if i[5]=="B":
  profit+=int(i[9])-int(i[4])
 if i[5]=="S":
  profit+=int(i[4])-int(i[9])
```

```
    profitList+=[profit]
# print profitList

# 定义图表对象
ax = plt.figure(1)      #第一张图片
ax = plt.subplot(111)   #该张图片仅一个图案
# 以上两行可简写为如下一行
# fig,ax = plt.subplots()

# 定义title
plt.title('Profit Line')
plt.xlabel('Time')
plt.ylabel('Profit')

# 绘制图案
# plot_date(x 轴对象, y 轴对象, 线风格)
ax.plot(profitList, 'k-')

# 显示绘制图表
plt.show()
```

绘制完成后，如图 3-17 所示。

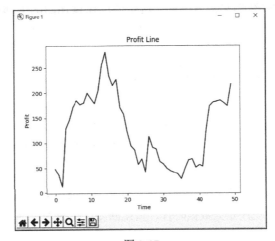

图 3-17

第 4 章 进行历史回测

为什么程序交易要进行历史回测？或许对于一些市场上的主观的交易老手而言，量化交易并不管用，也无须进行历史回测；但对于经验不够丰富的交易人来说，历史回测或许能帮助他们更快地找到稳定获利的机会。对于程序交易者而言，历史回测是否必要？答案是"是"。因为量化交易程序放大了数据的重要性，这与人的本能相违背，许多数据一闪即逝，也有许多数据实际存在但总被人忽略。这些情况在量化回测中都是必须被正视的话题，本章将会讲述构建历史回测的细节，让大家快速投入量化回测的世界。

技巧 40 【概念】认识历史回测

当我们在市场上交易，对于当前市场的趋势变动没有把握时，就需要历史回测来验证自己的想法是否可行。历史回测不仅仅只是数学量化模型的计算，同时也包含了量化模型以外的市场行为分析。

以往大家没有完整的历史数据时，只能依赖网络上散播的统计信息、盘后数据，没有办法准确地进行历史回测，而现在是大数据时代，量化回测已经成为一门不可或缺的技术。

回测的意思就是使用历史数据回溯测试。当我们有一个交易的想法时，首先会将规则明确列出并写成具体的代码，接着就会拿出历史数据加以验证，看看我们的想法在之前的交易日中具体成效如何。这时如果拥有足够多的历史数据，就能更准确地了解可用性，并在未来的预测中提供更准确的依据。

技巧 41 【概念】回测算法架构

期货交易，简单来说就是一买一卖，赚取价差。算法的目的在于将投资人的交易行为量化转化为代码。程序化交易中的回测算法与实盘交易算法有不同的编写方式,所以本书才会对回测和实盘分别进行介绍。

回测算法就是通过历史数据,模拟真实的开盘环境,进行数据解读、计算、判断,决定是否建仓、平仓,获取成交信息。

量化回测的必要步骤:

(1) 读取历史数据;

(2) 转换回测指标;

(3) 历史算法设计;

(4) 历史回测回传明细格式设计;

(5) 绩效计算。

而在上述步骤中,每一个部分都是不可或缺的,在**技巧 42** 当中会依序介绍相关的流程。

技巧 42 【概念】建立回测流程

在技巧 41 中,已经简述了回测的步骤,本技巧将会依序阐述相关的流程。本书也会提供一段历史数据供大家进行历史回测。

1. 读取历史数据

本技巧要介绍的"读取历史数据"不仅仅是通过函数去取得数据,还要去运用数据。

(1) 获取数据函数

算法程序必须先获取交易指标数据或历史报价。我们会通过 open 函数获取文件内的数据。

用 Python 处理文件,常见的方式是通过 open、read 来读取数据,也可以直接通过列表推导式(list comprehension)来直接将文件存成 list 对象,常用的用法如下:

变量名称= [循环变量 for 循环变量 in open('读取文件')]

(2) 运用历史数据方式

在读取数据后,如何运用这些数据才是重点,因为交易所历史数据的种类是属于按时间顺序的数据,而交易算法与时间字段也息息相关,所以从某个程度上来说时间格式的掌握是相当重要的。

在 Python 中，我们会读取文件并存成一个 list 对象。读取数据的方式基本上有两种，原理都是通过循环来进行数据筛选，但是代码编写上会有很大的差异。

第一种是通过 for 循环，逐笔判断 list 当中的值，通常用于有较多逻辑判断的情况。例如，回测的进出场判断，在本章后面的示例中会应用到。

第二种是使用列表推导式，简单来说就是可以直接在 list 中进行循环筛选。在简易的应用中可以用该方式来解决，例如数据处理、筛选字段、简易的逻辑判断筛选数据。以下是一般性的数据读取、筛选字段和操作介绍。

首先获取数据（文件名：Futures_20170815_I020.csv），存成 I020 变量。

```
>>> I020 = [ line for line in open('Futures_20170815_I020.csv')]
>>>
>>> I020[0:5]
['INFO_TIME,MATCH_TIME,PROD,ITEM,PRICE,QTY,AMOUNT,MATCH_BUY_CNT,MATCH_SELL_CNT\n', '8450010,
8450009,TXFH7,128,10310,732,732,202,349\n', '8450011,8450010,TXFH7,128, 10309,4,736,206,350\n',
'8450011,8450010,TXFH7,128,10309,1,737,207,351\n',
 '8450011,8450010,TXFH7,128,10310,1,738,208,352\n']
```

接着除去数据表头，舍去每行的换行符（\n）。

```
>>> I020a = [ line.strip("\n") for line in I020[1:] ]
>>> I020a[0:5]
['8450010,8450009,TXFH7,128,10310,732,732,202,349', '8450011,8450010,TXFH7,128,
10309,4,736,206,350', '8450011,8450010,TXFH7,128,10309,1,737,207,351', '8450011, 8450010,
TXFH7,128,10310,1,738,208,352', '8450011,8450010,TXFH7,128,10310,1,739, 209,353']
```

然后将数据通过逗号分隔。

```
>>> I020b = [ line.split(",") for line in I020a ]
>>> I020b[0:5]
[['8450010', '8450009', 'TXFH7', '128', '10310', '732', '732', '202', '349'],
 ['8450011', '8450010', 'TXFH7', '128', '10309', '4', '736', '206', '350'],
 ['8450011', '8450010', 'TXFH7', '128', '10309', '1', '737', '207', '351'],
 ['8450011', '8450010', 'TXFH7', '128', '10310', '1', '738', '208', '352'],
 ['8450011', '8450010', 'TXFH7', '128', '10310', '1', '739', '209', '353']]
```

最后依照每个使用者的需求，可以直接对数据进行初步筛选。这里进行时间筛选（取9点之后的数据）。

```
>>> I020c = [ line for line in I020b if int(line[0]) > 9000000 ]
>>> I020c[0:5]
[['9000006', '8595997', 'TXFH7', '128', '10311', '2', '12906', '6457', '6827'],
 ['9000006', '9000000', 'TXFH7', '128', '10311', '1', '12907', '6458', '6828'],
```

```
['9000018', '9000010', 'TXFH7', '128', '10311', '1', '12908', '6459', '6829'],
['9000018', '9000012', 'TXFH7', '128', '10311', '4', '12912', '6461', '6830'],
['9000031', '9000024', 'TXFH7', '129', '10311', '1', '12914', '6463', '6831']]
```

两种方式各有优缺点，假如要依照时间序列判断目前是否锁定收益出场，可以通过 for 循环来逐笔判断；若要获取特定时期的价格高低点，则会直接通过 Python 的 list 搭配 max、min 来完成。

2．转换回测指标

"转换回测指标"就是将现有的历史数据进一步转换成指标，而每个交易者对于指标的定义都不尽相同，所以必须明确定义指标。

以下提供常见的交易指标，供读者参考。

（1）移动平均价

假如在期货交易市场上的交易算法是通过移动平均（MA）为主要的交易指标，那就会定义移动平均的周期以及长度。假设是 10 分 MA，周期就是分钟，长度就是 10，而显示出来的信息也就是由 10 分钟的每分钟收盘价所计算的指标。

若 10 分 MA 通过前 10 分钟的收盘价计算，那就只能看到上一分钟的状态，无法掌控最新的市场价格动态。若获取 tick 数据，也就是逐笔信息，就能够依照最新的价格来进行计算，也就是说，从原本的 10 分钟收盘价变为 9 分钟的每笔收盘价加上当前的 tick 计算，可以即时地反映最新的市场动态。

在**技巧 24** 中，详细地介绍过如何动态计算移动平均价，可至第 2 章参考。

（2）当日价格高低点

回测指标所指的是当日的高低点，并非是直接通过历史数据获取当天的最高价和当天的最低价，而是回测时逐笔地去计算当日最高价和最低价。若回测当前时间为 09:50:35，则目前的最高价和最低价就是 09:50:35 以前的最高价和最低价。

若直接取得当日高低点，可能会造成程序逻辑上的错误，所以在定义指标前必须先厘清观念。

动态计算当日最高点和当日最低点，代码如下：

文件名：42-1.py

```
# -*- coding: UTF-8 -*-

# 取 I020，依照逗号分隔，并将分隔符号去除
```

```
I020 = [ line.strip('\n').split(",") for line in open('Futures_20170815_I020.csv')][1:]

# 定义变量初始值
high=int(I020[0][4])
low=int(I020[0][4])

# 开始计算高低点
for i in I020[1:]:
 price = int(i[4])
 if price > high:
  high=price
 if price < low:
  low=price
 print ("Time:",i[0]," Price:",price," High:",high," Low:",low)
```

若要将指标存成新文件,可以将上面示例程序中的 print 函数改为 write 函数。写入文件的细节请参考**技巧 11**。

通过 CMD 执行 Python 指令,输出如下:

```
>python 42-1.py
Time: 8450011 Price: 10309 High: 10310 Low: 10309
Time: 8450011 Price: 10309 High: 10310 Low: 10309
Time: 8450011 Price: 10310 High: 10310 Low: 10309
Time: 8450011 Price: 10310 High: 10310 Low: 10309
Time: 8450011 Price: 10309 High: 10310 Low: 10309
Time: 8450011 Price: 10309 High: 10310 Low: 10309
...
Time: 8450043 Price: 10312 High: 10312 Low: 10309
Time: 8450043 Price: 10312 High: 10312 Low: 10309
Time: 8450056 Price: 10310 High: 10312 Low: 10309
Time: 8450056 Price: 10313 High: 10313 Low: 10308
Time: 8450056 Price: 10313 High: 10313 Low: 10308
Time: 8450056 Price: 10310 High: 10313 Low: 10308
Time: 8450056 Price: 10313 High: 10313 Low: 10308
Time: 8450056 Price: 10313 High: 10313 Low: 10308
```

(3)内外盘量

内外盘是大家常用的指标之一,一般的计算方式为下一笔成交价落在上一档价(卖方价格)还是下一档价(买方价格),若价格落在上一档价时,则为"外盘价";落在下一档价时,则为"内盘价"。

内外盘还有另外一种算法,就是当成交价大于上一笔成交价时,则为"外盘量";反之,则为"内盘量"。

计算内外盘量的总和可以用来判断目前的多空方趋势:若外盘量较多,则多方趋势较空方趋势重,价格往上的概率较高;反之,若内盘量较多,则空方趋势较多方趋势重,价格往下的概率较高。

动态计算当天的内外盘量，预测当天的多空趋势，代码如下：

文件名：42-2.py

```
# -*- coding: UTF-8 -*-

# 取 I020，依照逗号分隔，并将分隔符号去除
I020 = [ line.strip('\n').split(",") for line in open('Futures_20170815_I020.csv')][1:]

# 定义变量初始值
lastPrice=int(I020[0][4])
outDesk=0
inDesk=0

# 开始计算内外盘
for i in I020[1:]:
 price = int(i[4])
 qty = int(i[5])
 if price > lastPrice:
  outDesk+=qty
 if price < lastPrice:
  inDesk+=qty
 print ("Time:",i[0]," Price:",price," OutDesk:",outDesk," InDesk:",inDesK)
 lastPrice = price
```

若要将指标存成新文件，可以将上面示例程序中的 print 函数改为 write 函数。写入文件的细节请参考**技巧 11**。

本示例是通过单纯的成交价比对计算的，若要通过上下五档价来做内外盘判断计算，则需要搭配 I080 数据计算。

通过 CMD 执行 Python 指令，输出如下：

```
>python 42-2.py
Time: 8450011 Price: 10309 OutDesk: 0 InDesk: 4
Time: 8450011 Price: 10309 OutDesk: 0 InDesk: 5
Time: 8450011 Price: 10310 OutDesk: 0 InDesk: 5
Time: 8450011 Price: 10310 OutDesk: 0 InDesk: 5
Time: 8450011 Price: 10309 OutDesk: 0 InDesk: 7
Time: 8450011 Price: 10309 OutDesk: 0 InDesk: 8
...
Time: 8450456 Price: 10308 OutDesk: 513 InDesk: 91
Time: 8450468 Price: 10309 OutDesk: 513 InDesk: 93
Time: 8450468 Price: 10309 OutDesk: 513 InDesk: 97
Time: 8450468 Price: 10308 OutDesk: 513 InDesk: 98
Time: 8450481 Price: 10309 OutDesk: 513 InDesk: 99
Time: 8450481 Price: 10308 OutDesk: 513 InDesk: 100
Time: 8450481 Price: 10309 OutDesk: 513 InDesk: 104
```

(4)委托手数差值

委托手数差值是通过委托信息来计算的,会将委托的买方手数以及委托的卖方手数相减。若值为负数,则代表目前委托买方手数较少,代表目前市场委托趋势较偏向空方;反之,若值为正数,则代表卖方手数较少,代表目前市场委托趋势较偏向多方。

(5)委托比重

委托比重指标是从委托信息计算而来的,会将委托的买卖方分别用手数除以笔数来计算买卖方的平均单笔手数,进而通过比重的方式计算该指标。假设委托的买方为 100 手、50 笔,卖方为 80 手、20 笔,则委托的买方平均手数为 2 手,卖方平均手数为 4 手,进而计算出多方委托比重为 33.33%,空方委托比重为 66.67%。

这个指标与委托手数差值指标最大的不同在于委托比重不会受到手数绝对数的影响,就算买方的手数相当多,但笔数也相对多,还是有可能被空方趋势胜过。

(6)成交买卖单笔数

成交买卖单笔数是由成交信息获取的,通常交易者会根据成交买卖笔数来做趋势的判断,因为对于累积成交量,买卖方是相等的,所以当成交买笔数小于成交卖笔数时,代表成交买方平均手数大于卖方平均手数,这时就可以判断买方趋势大于卖方趋势。

3. 历史算法设计

由于回测算法获取的是历史数据,因此在编写回测算法时可以依照需求去撷取需要的部分信息。假设交易算法只操作当日开盘的第二个小时,那么通过子集合的函数去获取那一段期间的数据即可,不必再从文件的开始读取到结尾。

回测算法也是交易算法,所以依照流程会有趋势判断、进场、出场和止损等相关步骤。下面会通过简单的程序流程来帮助大家了解如何操作。

文件名:42-3.py

```
# -*- coding: UTF-8 -*-
# 取 I020,依照逗号分隔,并将分隔符号去除
I020 = [ line.strip('\n').split(",") for line in open('Futures_20170815_I020.csv')][1:]

# 起始时间至结束时间
I020a= [ line for line in I020 if int(line[0])>9000000 and int(line[0])<11000000]

# 初始仓位
index=0
for i in I020a:
 if index==0:
  if 进场条件:
```

```
        OrderTime=i[0]    #下单时间记录
        OrderPrice=i[4]   #下单价格记录
elif index!=0:
    if 出场条件:
        OrderTime=i[0]    #下单时间记录
        OrderPrice=i[4]   #下单价格记录
```

该策略仅展示用途，并没有实际用意，要编写回测算法，可以通过上述概念来进行，但实际上还是有许多细节需要注意。

4．历史回测回传明细格式设计

回测交易格式的设计，是希望完整地保存回测交易记录，并且真实地表达交易事件的细节，最后让这些记录能够被适度地分析，让回测的效益最佳化。

以下是交易事件回传格式：

```
交易序列号、交易商品、开仓日期、开仓时间、开仓价格、买卖、数量、平仓日期、平仓时间、平仓价格、注记、税金、手续费、策略编号、交易者编号
SerialNumber,Good,ODate,OTime,OPrice,BorS,Number,CDate,CTime,CPrice,Comment,Tax,Fee,
PID,ID
```

读者看到这里，或许会好奇，为什么没有盈亏字段呢？首先，通过原有的数据字段就可以计算出盈亏，为了避免表格字段过于冗长，所以不另外设置字段。另外，若要观察回测的效益，盈亏也并非绝对标准。怎么说呢？就好比一个回测程序虽然说一个月的总盈亏是-1000，但它并不代表就是一个不好的策略，或许买方的头寸净利是 3000，卖方的头寸净利是-4000，只要将这个策略设置为只做买方，就会是一个赚钱的策略。除了盈亏，也有很多角度可以分析策略的好坏，例如：交易时间、持仓时间等。除盈亏以外的分析对于交易而言也是相当重要的，后面会有介绍。

每个字段都具有存在的价值，而第一个字段交易序列号代表唯一值，所以每笔数据并不会发生重复的现象。上述交易回传格式不一定符合每种交易类型的需求，可以依照自己的需求做更改。

以下是开盘买、收盘卖的策略，做一个基础的交易回传明细：

文件名：42-4.py

```
# -*- coding: UTF-8 -*-

# 取 I020，依照逗号分隔，并将分隔符号去除
I020 = [ line.strip('\n').split(",") for line in open('Futures_20170815_I020. csv')][1:]
OrderTime=I020[0][0] #下单时间记录
```

```
OrderPrice=int(IO20[0][4])      #下单价格记录
CoverTime=IO20[-1][0]           #平仓时间记录
CoverPrice=int(IO20[-1][4])     #平仓时间记录
print ("Buy OrderTime:",OrderTime," OrderPrice:",OrderPrice,)
print (" CoverTime:",CoverTime," CoverPrice:",CoverPrice," Profit:",CoverPrice- OrderPrice)
```

执行回测后，输出如下：

```
>python 42-4.py
Buy OrderTime: 8450010 OrderPrice: 10310 CoverTime: 13450006 CoverPrice: 10309
Profit: -1
```

5．绩效计算

读取交易记录后，就可以依照交易回传的数据去加以计算分析。绩效不仅可以从盈亏去观察，也可以从买卖、交易次数、交易时间点来进行分析。本节提供的绩效分析示例虽不多，但主要是让读者熟悉系统分析命令的用法。

某些策略会符合某些时期的趋势条件，但不代表那些策略会符合长期市场的走势，毕竟交易市场是瞬息万变的，若要调试出一个长期稳定获利的策略，必须要经过长期回测的测试。

绩效计算不一定是从获利盈余的数字上来看，以下提供其他绩效计算的方向请读者参考：

（1）交易次数胜率；

（2）买卖个别成交结果。

技巧43 【概念】即时算法回放回测

回测程序与即时算法程序的编写方式不同：回测程序的目的在于验证投资人的交易逻辑能否在真实市场中获利；而即时算法则是将交易人的逻辑通过程序在真实市场上进行运作。

本概念要阐述的是，即时算法与回测算法对于真实市场的反应是有差异的，所以当一个量化交易回测者要真正落实即时程序化交易时，总是会充满不确定性，这时就要通过轮播机制来验证即时算法的正确性，以预防即时算法程序错误导致亏损。

技巧44 【概念】时间单位不同的差异

在网络上获取的信息与交易所实际揭示的信息，往往最大的差异是来自时间的字段。在交易所揭示的成交信息中，会有撮合时间和报价时间。其中，撮合时间是交易主机将买卖方的相同数量委托单进行撮合时的时间，而报价时间是交易所揭示报价时的时间。

除了时间字段以外，还有数据密度。如果交易所原本揭示的时间字段密度到百分之一秒，但网络数据只揭示到秒，那么对于手动交易的投资人而言可能没有太大差异，但对于程序而言就会发现同一个时间点产生了许多笔交易信息。

例如，原本数据是 9 点 10 分 10.03 秒与 9 点 10 分 10.55 秒，对于程序而言两笔数据时间不一样，但对于网络上免费的数据可能两笔都是 9 点 10 分 10 秒，这对于回测来说就没那么精准了。

下面提供几个不同的时间单位所绘制出的图形，比较其差异。

（1）由数据密度为 30 秒所绘出的 K 线图，如图 4-1 所示。

图 4-1

（2）由数据密度为分所绘出的 K 线图，如图 4-2 所示。

图 4-2

（3）5 分钟密度的 K 线图，如图 4-3 所示。

图 4-3

（4）15 分钟密度的 K 线图，如图 4-4 所示。

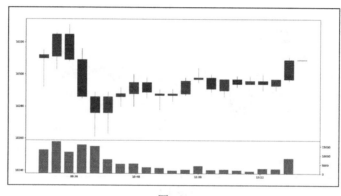

图 4-4

由这 4 张图我们发现：虽然整体的涨跌趋势十分类似，但时间单位越小的图形可以让我们更快速地发现量能的变化，提前得知趋势的动向，掌握更多的下单机会。

技巧 45 【程序】固定时间买进卖出回测

本技巧介绍固定时间买卖进出策略，是策略的初版模型，让大家初步了解回测构建。

本技巧仅介绍策略构建，而该策略的完整性是不足的。若在建构策略时没有设置止损，可能会导致损失，更严重的是仓位亏损至被爆仓时期货公司会自动将我们的仓位平仓。此时若策略没有判断条件，则会与现实账务产生差异。这些都是量化回测必须关注的情况，而这些情况都是可以通过程序来解决的，只要想得更周全、细腻，就可以预防这些事情发生，甚至可以提早做出比人为操作更有效的解决方案。

以下提供的是固定时间点买卖，此策略是在开盘时间 9:00 买入一手，接着在 11:00 时平仓。

文件名：45-1.py

```
# -*- coding: UTF-8 -*-

# 取 I020 数据，依照逗号分隔，并将分隔符号去除
I020 = [ line.strip('\n').split(",") for line in open('Futures_20170815_I020.csv')][1:]
# 起始时间至结束时间
I020a= [ line for line in I020 if int(line[0])>9000000 and int(line[0])<11000000]

OrderTime=I020a[0][0] #下单时间记录
OrderPrice=int(I020a[0][4]) #下单价格记录

CoverTime=I020a[-1][0] #平仓时间记录
CoverPrice=int(I020a[-1][4]) #平仓时间记录

print ("Buy OrderTime:",OrderTime," OrderPrice:",OrderPrice,)
print (" CoverTime:",CoverTime," CoverPrice:",CoverPrice," Profit:",CoverPrice)
OrderPrice
```

执行回测后，输出如下：

```
>python 45-1.py
Buy OrderTime: 9000006 OrderPrice: 10311 CoverTime: 10595643 CoverPrice: 10289
Profit: -22
```

该策略内容要让大家初步了解 Python 中的算法结构，以及如何运用数据，通过预先的数据筛选，可以省去许多步骤。

在前面也提到了止损的重要性，所以接着介绍止损机制的策略，由上一个策略来进行优化。这个策略会持续地侦测是否止损，直到设置的交易时间结束。

本策略是判断当前价低于进场价的 10 点平仓止损，代码如下：

文件名：45-2.py

```
# -*- coding: UTF-8 -*-

# 取 I020，依照逗号分隔，并将分隔符号去除
I020 = [ line.strip('\n').split(",") for line in open('Futures_20170815_I020. csv')][1:]

# 起始时间至结束时间
I020a= [ line for line in I020 if int(line[0])>9000000 and int(line[0])<11000000]

OrderTime=I020a[0][0] #下单时间记录
OrderPrice=int(I020a[0][4]) #下单价格记录
```

```
for i in range(1,len(I020a)):
 price=int(I020a[i][4])
 if price <= OrderPrice-10:
  CoverTime=I020a[i][0]   #平仓时间记录
  CoverPrice=int(I020a[i][4])   #平仓时间记录
 break
  elif i == len(I020a)-1:
  CoverTime=I020a[i][0]   #平仓时间记录
  CoverPrice=int(I020a[i][4])   #平仓时间记录

print ("Buy OrderTime:",OrderTime," OrderPrice:",OrderPrice,)
print (" CoverTime:",CoverTime," CoverPrice:",CoverPrice," Profit:",CoverPrice-OrderPrice)
```

通过 CMD 执行 Python 指令，展示如下：

```
>python 45-2.py
Buy OrderTime: 9000006 OrderPrice: 10311 CoverTime: 9402568 CoverPrice: 10301 Profit: -10
```

技巧 46 【程序】顺势交易回测

顺势交易策略，这边所指的顺势策略就是俗称的"海龟策略"，代表价格向上突破某个区间的高点，顺势买进；或是在价格向下突破某个区间的低点时，顺势卖出。

上述是进场的部分，对于出场条件的设置，本示例所提供的是设置固定止损获利点，以买方为例，止损点为进场成交价的下降 10 点，获利点为进场成交价的上升 20 点。

本示例所设置的高低点区间期间为 8:45～9:00，以及进出场的时间区段为 9:00～11:00。顺势交易的代码如下：

文件名：46.py

```
# -*- coding: UTF-8 -*-

# 取 I020 数据，依照逗号分隔，并将分隔符号去除
I020 = [ line.strip('\n').split(",") for line in open('Futures_20170815_I020.csv')][1:]

# 起始时间至结束时间
I020a= [ int(line[4]) for line in I020 if int(line[0])<=9000000 ]
I020b= [ line for line in I020 if int(line[0])>9000000 and int(line[0])<11000000 ]

# 定义上下界
ceil=max(I020a)
floor=min(I020a)
# 仓位为 0
index=0
for i in range(len(I020b)):
 price=int(I020b[i][4])
```

```
# 进场判断
if index==0:
  if price>ceil:
    OrderTime=I020b[i][0]           #新仓时间记录
    OrderPrice=price                #新仓价格记录
    index=1
    print ("Buy OrderTime:",OrderTime," OrderPrice:",OrderPrice,)
  elif price<floor:
    OrderTime=I020b[i][0]           #新仓时间记录
    OrderPrice=price                #新仓价格记录
    index=-1
    print ("Sell OrderTime:",OrderTime," OrderPrice:",OrderPrice,)
  elif i == len(I020b)-1:
    print ("No Trade")
    break
# 出场判断
elif index!=0:
  if index==1:
    if OrderPrice+20<=price or OrderPrice-10>=price:
      CoverTime=I020b[i][0]         #平仓时间记录
      CoverPrice=int(I020b[i][4])   #平仓时间记录
      print (" CoverTime:",CoverTime," CoverPrice:",CoverPrice," Profit:",CoverPrice- OrderPrice)
      break
    elif i == len(I020b)-1:
      CoverTime=I020b[i][0]         #平仓时间记录
      CoverPrice=int(I020b[i][4])   #平仓时间记录
      print (" CoverTime:",CoverTime," CoverPrice:",CoverPrice," Profit:",CoverPrice- OrderPrice)
  elif index==-1:
    if price<=OrderPrice-20 or price>=OrderPrice+10:
      CoverTime=I020b[i][0]         #平仓时间记录
      CoverPrice=int(I020b[i][4])   #平仓时间记录
      print (" CoverTime:",CoverTime," CoverPrice:",CoverPrice," Profit:",OrderPrice- CoverPrice)
      break
    elif i == len(I020b)-1:
      CoverTime=I020b[i][0]         #平仓时间记录
      CoverPrice=int(I020b[i][4])   #平仓时间记录
      print (" CoverTime:",CoverTime," CoverPrice:",CoverPrice," Profit:",OrderPrice-CoverPrice)
```

通过 CMD 执行 Python 指令，展示如下：

```
>python 46.py
Buy OrderTime: 9043318 OrderPrice: 10316 CoverTime: 9120668 CoverPrice: 10306
Profit: -10
```

技巧 47 【程序】MA 交叉买进卖出回测

　　MA 在交易市场中是常见的交易指标，而相关的策略也是五花八门，通常 MA 的策略都会通过两个基准来做比较，通过基准彼此之间的关系来做好进出场的判断，例如 12MA

（快线）与 24MA（慢线）的配合。

之前在**技巧 25** 中有单独计算 MA 指标的程序，读者可以通过计算指标后的数据来结合 I020 成交信息共同编写程序，此举将会降低策略同时计算 MA 与判断进场条件的运算负载，但整体来说，计算完整天的 MA 再进行策略判断，还是会增加回测的运算时间。

本技巧介绍的策略判断是通过成交价与 108MA 来进行计算的，当前价向上穿越 MA，则买进；当前价向下穿越 MA，则卖出。出场条件则是设置固定价位止损获利（10 点）。

本示例将通过成交价格来计算，同时计算 MA 值，并同时做该策略的判断。这样做后代码会比较复杂，也可以将 MA 计算完成后（参考**技巧 24**）再进行策略判断。程序代码如下：

文件名：47.py

```
# -*- coding: UTF-8 -*-

# 时间转数值
def TimetoNumber(time):
    time=time.zfill(8)
    sec=int(time[:2])*360000+int(time[2:4])*6000+int(time[4:6])*100+int(time[6:8])
    return sec

# 获取 I020 数据，依照逗号分隔，并将分隔符号去除
I020 = [ line.strip('\n').split(",") for line in open('Futures_20170815_I020.csv')][1:]

# 定义相关变量
MAarray = []
MAValue = 0
STime = TimetoNumber('08450000')
Cycle = 6000
MAlen = 10

# 定义上一笔值，提供给策略判断
lastMAValue=0
lastPrice=0
# 仓位为 0
index=0

# 开始进行 MA 计算
for i in I020:
    time=i[0]
    price=int(i[4])
    if len(MAarray)==0:
        MAarray+=[price]
    else:
        if TimetoNumber(time)<STime+Cycle:
            MAarray[-1]=price
```

```python
    else:
      if len(MAarray)==MAlen:
        MAarray=MAarray[1:]+[price]
      else:
        MAarray+=[price]
      STime = STime+Cycle
# 到达第10分钟后，开始进行策略判断
    if len(MAarray)==MAlen:
     MAValue=float(sum(MAarray))/len(MAarray)
     if lastMAValue==0 or lastPrice==0:
      lastMAValue=MAValue
      lastPrice=price
      continue
     if index==0:
      if MAValue<price and lastMAValue>=lastPrice:
       OrderTime=time    #新仓时间记录
       OrderPrice=price  #新仓价格记录
       index=1
       print ("Buy OrderTime:",OrderTime," OrderPrice:",OrderPrice,)
      elif MAValue> price and lastMAValue<=lastPrice:
       OrderTime=time    #新仓时间记录
       OrderPrice=price  #新仓价格记录
       index=-1
       print ("Sell OrderTime:",OrderTime," OrderPrice:",OrderPrice,)
     elif index!=0:
      if index==1:
       if price>=OrderPrice+10 or price<=OrderPrice-10:
        CoverTime=time    #平仓时间记录
        CoverPrice=price  #平仓时间记录
        print (" CoverTime:",CoverTime," CoverPrice:",CoverPrice," Profit:",CoverPrice-OrderPrice)
        break
       elif i == len(I020)-1:
        CoverTime=time    #平仓时间记录
        CoverPrice=price  #平仓时间记录
        print (" CoverTime:",CoverTime," CoverPrice:",CoverPrice," Profit:",CoverPrice-OrderPrice)
      if index==-1:
       if price<=OrderPrice-10 or price>=OrderPrice+10:
        CoverTime=time    #平仓时间记录
        CoverPrice=price  #平仓时间记录
        print (" CoverTime:",CoverTime," CoverPrice:",CoverPrice," Profit:",OrderPrice-CoverPrice)
        break
       elif i == len(I020)-1:
        CoverTime=time    #平仓时间记录
        CoverPrice=price  #平仓时间记录
        print (" CoverTime:",CoverTime," CoverPrice:",CoverPrice," Profit:",OrderPrice-CoverPrice)
```

通过CMD执行Python指令，操作如下：

```
>python 47.py
Buy OrderTime: 8562343 OrderPrice: 10300 CoverTime: 8590293 CoverPrice: 10310
Profit: 10
```

技巧 48 【程序】绘制价格走势图并标上买卖点

当我们进行回测时，往往都只有数据上的呈现，而进场出场点并不能够很明确地得知当日的市场价格走势。所以我们可以绘制价格走势图，并且搭配自己的买卖点，这样就可以了解到当日的走势以及自己的策略动向。

本示例所提供的代码适用于大多数的回测程序，只要取得成交信息与进场、出场的时间及价格，就可以正确绘制出此图。**技巧 45～技巧 47** 都可以运用该技巧来绘制价格线图并加上买卖点，只要在执行完策略时补上下方程序代码，就可以绘制出当天的图形。

文件名：48.py

```python
# 导入相关包及函数
import matplotlib.pyplot as plt
import matplotlib.dates as mdates
import datetime

# 将时间字符串转换至时间格式
Time = [ datetime.datetime.strptime(line[0],"%H%M%S%f") for line in I020 ]
# 通过mdates.date2num 函数，将 datetime 时间格式转换为绘图专用的时间格式
Time1 = [ mdates.date2num(line) for line in Time ]

# 价格由字符串转为数值
Price = [ int(line[4]) for line in I020 ]
# 将买卖点时间字符串转为时间格式
OrderTime1=mdates.date2num(datetime.datetime.strptime(OrderTime,"%H%M%S%f"))
CoverTime1=mdates.date2num(datetime.datetime.strptime(CoverTime,"%H%M%S%f"))

# 定义图表对象
ax = plt.figure(1)        #第一张图片
ax = plt.subplot(111)     #该张图片仅一个图案

# 定义title
plt.title('Price Line')
plt.xlabel('Time')
plt.ylabel('Price')

# 绘制图案
# plot_date(x 轴对象, y 轴对象, 线风格)
ax.plot_date(Time1, Price, 'k-')
ax.plot_date(OrderTime1, OrderPrice, 'r.',markersize='20')
ax.plot_date(CoverTime1, CoverPrice, 'g.',markersize='20')

# 定义 x 轴
hfmt = mdates.DateFormatter('%H:%M:%S')
ax.xaxis.set_major_formatter(hfmt)
```

```
# 显示绘制图表
plt.show()
```

通过**技巧47**来绘制价格走势图并标上买卖点，只要执行**技巧47**的时候将**技巧48**的代码附加至47.py后方，就能够绘制出图片，如图4-5所示。

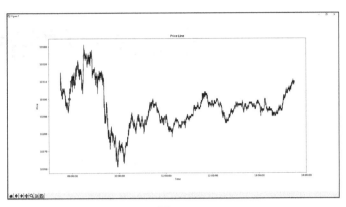

图 4-5

可以将图片另存成文件，比如存成PNG格式，代码如下：

plt.savefig('test.png')

在代码的最后部分，在show函数之前加上以上代码，即可保存成图片。

第 5 章
设计自己的指标函数

在目前的投资领域中，许多投资人都会通过既有的商品技术指标来进行投资买卖，好处是因为许多人同时在关注这些指标，且大家的投资理念相同，所以当信号触发时会形成一股趋势，坏处是股市中拥有大部分资金的投资人会利用这种现象来制造假信号，以致投资人遭受损失。

所以当我们设计自己的函数指标时，一方面可以比市场上的分钟频率的指标来得快，另一方面能够照着自己的方式来呈现。本章将会把一些常用的技术指标通过代码，在取报价时同时生成指标。

技巧 49 【概念】何谓指标函数

指标是根据使用者的经验所产生的量化数据，简单来说，当我们在通过看盘软件进行下单判断时，就已经在接收指标信息了。常见的指标有价格走势图、K 线图、量能图、委托比例图和上下五档价等。

这些指标是由提供看盘软件的公司来绘制的，也是多数投资人会观察的指标，但是要通过程序进行交易，我们就必须取得这些信息，并非只是单纯地通过眼睛观察盘中的指标图，而是在获取交易所的报价揭示信息后，通过程序转换成指标。

通过这样的做法，能够真正地实践程序化交易，假如每天要花 3 个小时观察盘势，现在只需要确定计算机开机和程序正确执行，就可以进行自动化交易了。

技巧 50 【概念】定义输入及输出

本技巧将会与 FastOS 串接即时报价文件（分为 3 个文件，分别是成交信息、委托信息和上下五档价信息），而程序也会依照交易者不同需求获取相关的即时信息。

即时交易程序会分别对这 3 个文件进行即时报价。作为指标的输入值，在编写即时算法时，可以选择是否要计算指标，也可以直接通过报价信息进行判断。

在有了标准的输入信息（即时报价）后，我们就可以通过程序进行金融技术指标的计算，转换成我们想要的信息，例如：MA、高开低收量（K 线）和内外盘等技术指标。每种自行定义的技术指标都应该有自定义标准的输出值，以便在交易策略中使用。

技巧 51 【程序】获取即时报价咨询

对于程序化交易来说，获取即时报价信息是整个程序中的第一步，在获取即时信息后，往后的交易算法才能被正确执行。为了计算指标，必须先了解如何获取即时报价。

关于交易所披露信息以及取得即时报价的概念说明，之后会在第 9 章进行详细介绍。在这里我们将通过 FastOS 使用券商的 API 获取最新的报价信息，包含成交信息、委托信息以及上下五档价信息。

以下是获取即时报价的函数，其中即时报价分为委托信息、成交信息以及上下五档价信息。在后续的代码中，都需要通过该函数获取即时报价，所以将以下代码设为固定的函数库文件（function.py），在其他代码中直接使用即可。存取报价分为循环持续存取以及单笔存取，依照不同运算需求，会有不同的使用搭配。例如：计算内外盘，就会通过取得当前成交信息的循环存取，当每次取得成交信息后，就会再去取得上下五档价进行内外盘计算。

其中加载相关包的部分，如 time 以及 datetime 包，都是在即时策略当中会运用到的包，而 tailer 包是帮助我们进行快速报价的包。另外，在启动实盘交易以前，必须确保所有需要的包都已安装，包的安装在**技巧 8** 中有详细介绍。

存取报价的细节可以参考**技巧 99**（介绍存取报价的概念）。

代码如下：

文件名：function.py

```
# -*- coding: UTF-8 -*-

# 导入相关包
import time
import datetime
import tailer
```

```
# 获取当天日期
Date=time.strftime("%Y%m%d")
# 设置文件位置
DataPath="D:/data/"
# 开启这 3 个文件
MatchFile=open(DataPath+Date+'_Match.txt')
OrderFile=open(DataPath+Date+'_Commission.txt')
UpDn5File=open(DataPath+Date+'_UpDn5.txt')

# 持续获取成交信息
def getMatch():
 return tailer.follow(MatchFile,0)

# 持续获取委托信息
def getOrder():
 return tailer.follow(OrderFile,0)

# 持续获取上下五档价信息
def getUpDn5():
 return tailer.follow(UpDn5File,0)

# 获取最新一笔成交信息
def getLastMatch():
 return tailer.tail(MatchFile,3)[-2].split(",")

# 获取最新一笔委托信息
def getLastOrder():
 return tailer.tail(OrderFile,3)[-2].split(",")

# 获取最新一笔上下五档价信息
def getLastUpDn5():
 return tailer.tail(UpDn5File,3)[-2].split(",")
```

以下是获取报价咨询的操作过程：

```
>>> exec(open('function.py').read())
>>> for i in getMatch():            #通过循环，去持续获取当前成交信息
...     print (i)
...
10:15:05.69,10334,2,76880,36922,39553,10340,10290
10:15:06.34,10334,1,76881,36923,39555,10340,10290
10:15:06.82,10333,1,76882,36924,39556,10340,10290
10:15:07.06,10334,2,76884,36925,39557,10340,10290
...                                 #Ctrl+C 可中断
>>> for i in getOrder():            #通过循环，去持续获取当前成交信息
...     print (i)
...
10:24:53.20,34888,88931,36490,89257
10:24:58.18,34891,88944,36508,89301
10:25:03.19,34917,89064,36509,89392
10:25:08.18,34920,89066,36512,89397
...                                 #Ctrl+C 可中断
```

```
>>> for i in getUpDn5():                #通过循环,去持续获取上下五档成交信息
...     print (i)
...
10:26:24.82,10330,89,10329,104,10328,145,10327,75,10326,105,10331,84,10332,276,
10333,69,10334,57,10335,102
10:26:25.05,10330,84,10329,104,10328,145,10327,75,10326,105,10331,84,10332,276,
10333,69,10334,57,10335,102
10:26:25.18,10330,84,10329,104,10328,145,10327,75,10326,105,10331,83,10332,276,
10333,69,10334,57,10335,102
10:26:25.67,10330,84,10329,104,10328,145,10327,75,10326,105,10331,83,10332,276,
10333,69,10334,57,10335,102
10:26:26.06,10330,84,10329,106,10328,145,10327,75,10326,105,10331,83,10332,276,
10333,69,10334,57,10335,102
...
>>> getLastMatch()
['09:58:19.71', '10329', '1', '69891', '33858', '36117', '10339', '10290']
>>> getLastOrder()
['09:58:53.25', '31047', '79073', '32623', '79623']
>>> getLastUpDn5()
['09:58:14.46', '10329', '26', '10328', '95', '10327', '49', '10326', '132',
 '10325', '81', '10330', '15', '10331', '66', '10332', '82', '10333', '68',
 '10334', '56']
```

技巧 52 【程序】计算每分钟的高开低收价

通过**技巧 51** 获取当前信息后,就可以用来计算各式各样的指标。该技巧将介绍如何获取高开低收价。

在之前的章节已介绍过计算历史数据的 K 线,并将 K 线图绘制出来,现在将通过获取即时报价信息来计算 K 线。

即时计算和历史计算是有差异的:历史的可以通过列表对象特性直接进行数据筛选,即时的必须动态更新计算数据。

该指标通过列表来作为容器,因为会动态更新数据,元组并不允许更新,所以选用列表。

定义初始值,只需要中括号即可定义列表,代码如下:

OHLC=[]

接着开始计算高开低收,每分钟过后都会进行数据的叠加。假设策略已经从 8:45 执行至 8:48,就应该会有 3 笔数据,分别是 8:46、8:47、8:48,数据叠加的好处是我们的策略可以有多样的变化,让策略不会局限于只能判断最近一分钟的状况。

在每分钟转换时，我们通过简单的字符串判断，例如："850"代表 8 点 50 分。当时间转换到"851"，则代表分钟变换了。通过该方式来减少算法的困难度，而在之后的例子若有相关的应用，也都用该方式来进行判断。

以下为计算每分钟高开低收的代码。

文件名：52.py

```python
# -*- coding: UTF-8 -*-

# 获取报价信息，详情请查看技巧 51
exec(open('function.py').read())

# 定义指标变量
OHLC=[]

# 获取成交信息
for i in getMatch():
    MatchInfo=i.split(',')
    # 定义 HHMM 的时间字符串，方便进行分钟转换判断
    HMTime=MatchInfo[0][0:2]+MatchInfo[0][3:5]
    MatchPrice=int(MatchInfo[1])
    # 若 OHLC 为空，就先填值
    if len(OHLC)==0:
        OHLC.append([HMTime,MatchPrice,MatchPrice,MatchPrice,MatchPrice])
    else:
        # 进行该分钟是否结束
        if HMTime==OHLC[-1][0]:
            # 进行高、低价判断
            if MatchPrice>OHLC[-1][2]:
                OHLC[-1][2]=MatchPrice
            if MatchPrice<OHLC[-1][3]:
                OHLC[-1][3]=MatchPrice
                OHLC[-1][4]=MatchPrice
        else:
    # 该分钟结束则加入新行
            OHLC.append([HMTime,MatchPrice,MatchPrice,MatchPrice,MatchPrice])
    # 显示当前高开低收
    print(OHLC[-1])
```

通过 Python 命令执行该程序，展示如下：

```
>python 52.py
['0849', 10359, 10359, 10355, 10355]
['0849', 10359, 10359, 10355, 10355]
['0849', 10359, 10359, 10355, 10355]
['0849', 10359, 10359, 10355, 10356]
['0849', 10359, 10359, 10355, 10357]
['0849', 10359, 10359, 10355, 10355]
['0850', 10357, 10357, 10357, 10357]
['0850', 10357, 10357, 10357, 10357]
```

```
['0850', 10357, 10357, 10357, 10357]
['0850', 10357, 10357, 10356, 10356]
['0850', 10357, 10357, 10355, 10355]
['0850', 10357, 10357, 10355, 10357]
['0850', 10357, 10357, 10355, 10355]
```

技巧 53 【程序】计算每分钟的累计量

我们在看盘软件中，常见的就是价格走势图搭配量能图。本技巧就是用来计算每分钟累积量的程序，若原本就是通过量来进行进出场判断，则能够通过此技巧来计算并加以判断。

计算成交量，可以通过单笔成交量计算，也可以通过总量计算。在这里我们使用总量计算，因为单笔成交量需要高度的信息准确性，若数据不完整，计算出来的指标参考度也就不高，所以我们通过交易所揭示出来的交易总量来进行计算，可以不必考虑数据的高度准确性，也能达到相同的计算效果。

数据输出的格式有两个字段，一个是时间，另一个是一分钟时间累积量，即每分钟会叠加信息。

以下是计算每分钟累计量的代码。

文件名：53.py

```python
# -*- coding: UTF-8 -*-

# 获取报价信息，详情请查看技巧 51
exec(open('function.py').read())

# 定义指标变量
Qty=[]
lastAmount=0

# 获取成交信息
for i in getMatch():
  MatchInfo=i.split(',')

  # 定义 HHMM 的时间字符串，方便进行分钟转换判断
  HMTime=MatchInfo[0][0:2]+MatchInfo[0][3:5]
  MatchAmount=int(MatchInfo[3])

  # 进行每分钟价格计算
  if len(Qty)==0:
    Qty.append([HMTime,0])
    lastAmount=MatchAmount
  else:
```

```
    if HMTime==Qty[-1][0]:
     Qty[-1][1]=MatchAmount-lastAmount
    else:
     Qty.append([HMTime,0])
    lastAmount=MatchAmount
 print (Qty)
```

通过 Python 命令执行该程序，结果如下：

```
>python 53.py
[['1114', 0]]
[['1114', 1]]
[['1114', 3]]
[['1114', 4]]
[['1114', 8]]
[['1114', 13]]
[['1114', 21]]
[['1114', 23]]
[['1114', 26]]
...
[['1114', 43], ['1115', 101], ['1116', 59]]
[['1114', 43], ['1115', 101], ['1116', 60]]
[['1114', 43], ['1115', 101], ['1116', 61]]
[['1114', 43], ['1115', 101], ['1116', 62]]
[['1114', 43], ['1115', 101], ['1116', 63]]
[['1114', 43], ['1115', 101], ['1116', 64]]
[['1114', 43], ['1115', 101], ['1116', 65]]
```

技巧 54 【程序】计算买卖方每笔平均成交手数

在研究金融市场时，大家经常关注的无非就是成交价和成交量，而很少有人去关注买卖的成交笔数。期交所正好有提供相关的成交笔数信息，通过这些字段，我们可以得知目前的买方以及卖方的平均成交手数，也就是买卖方每笔订单所成交的手数。

假设目前的成交量为 12 000 手，而买方的成交量为 3 000 手，卖方为 4 000 手，则平均买手为 4、平均卖手为 3，我们可以判读此数据，若平均买方单一订单的量较大，则可认为市场大户在买方。

以下为计算买卖方每笔平均成交手数的程序代码。

文件名：54.py

```
# -*- coding: UTF-8 -*-

# 取得报价信息，详情请查看技巧 51
exec(open('function.py').read())
```

```python
# 取得成交信息
for i in getMatch():
  MatchInfo=i.split(',')
  MatchTime=MatchInfo[0]
  MatchAmount=int(MatchInfo[3])
  MatchBCnt=int(MatchInfo[4])
  MatchSCnt=int(MatchInfo[5])

  # 进行平均买卖手计算
  avgB=float(MatchAmount)/MatchBCnt
  avgS=float(MatchAmount)/MatchSCnt

  print (MatchTime,"avgB",avgB,"avgS",avgS)
```

通过 Python 指令执行该程序，结果如下：

```
>python 54.py
12:37:05.23 avgB 2.07742630793 avgS 2.01609233366
12:37:08.63 avgB 2.07740593685 avgS 2.01603669725
12:37:08.71 avgB 2.07738556654 avgS 2.01601805471
12:37:08.84 avgB 2.07736519701 avgS 2.01599941287
12:37:09.34 avgB 2.07734482824 avgS 2.0159807717
12:37:10.96 avgB 2.07734336598 avgS 2.0159804785
```

技巧 55　【概念】了解内外盘的含义

一般我们将买盘称为"外盘"，卖盘称为"内盘"。就上下五档价而言，上五档盘称为外盘，下五档盘称为内盘。计算方式通过当前成交价格与内外盘的对应关系来划分：若成交价格成交在外盘（上五档价），则该笔成交称为"外盘成交"；若成交价格成交在内盘（下五档价），则该笔成交称为"内盘成交"；若价格成交在内外盘的中间，则不计算。

内外盘的原理是用来观察买卖方的交易积极度的，这关系到期货交易所的市场规则。一般来说，券商提供给投资人的下单方式常分为市价单和限价单，而这两种方式所执行的动作也不尽相同。简单来说，市价单与限价单可以分为主动撮合和被动撮合。

就买单而言，市价单会主动地成交在上一档价位，而限价单则是等着被撮合，也就因为这个因素才会有内外盘的指标出现。

若价格持续地成交在外盘价，则代表买方持续地在市场通过市价买进；若价格持续地成交在内盘价，则代表卖方持续地在市场通过市价卖出。

内外盘的比例代表着过去的买卖方积极度，许多人会通过这个指标来判断往后的趋势并进行交易。

技巧 56 【程序】计算内外盘总量

计算内外盘的总量即可以计算内外盘的总成交量，也可以计算内外盘的总次数。本技巧将会依次介绍计算内外盘的总成交量和内外盘总次数。

本技巧与前面的示例稍有不同，计算内外盘会同时需要上下一档价量，以下代码将会通过成交信息与上下五档价数据来做应用搭配。

文件名：56-1.py

```python
# -*- coding: UTF-8 -*-

# 获取报价信息，详情请查看技巧 51
exec(open('function.py').read())

# 定义指标变量
OutDesk=0
InDesk=0

# 获取成交信息
for i in getMatch():
  MatchInfo=i.split(',')
  MatchTime=MatchInfo[0]
  MatchPrcie=int(MatchInfo[1])
  MatchQty=int(MatchInfo[2])

  # 获取上下五档价信息
  UpDn5Info=getLastUpDn5()
  Dn1Price=int(UpDn5Info[1])
  Up1Price=int(UpDn5Info[11])

  # 进行内外盘判断
  if MatchPrcie>=Up1Price:
    OutDesk+=MatchQty
  if MatchPrcie<=Dn1Price:
    InDesk+=MatchQty
  print(MatchTime,"OutDesk",OutDesk,"InDesk",InDesk)
```

通过 Python 命令执行该程序，结果如下：

```
>python 56-1.py
11:29:33.46 OutDesK3 InDesK0
11:29:34.94 OutDesK3 InDesK2
11:29:35.08 OutDesK3 InDesK3
11:29:41.29 OutDesK3 InDesK4
11:29:42.33 OutDesK3 InDesK5
11:29:45.57 OutDesK5 InDesK5
```

```
11:29:47.82 OutDesK5 InDesK7
11:29:47.85 OutDesK5 InDesK8
```

若要计算内外盘次数而非内外盘数量，则可通过以下代码来实现，将原本计算加成交量的部分改为每次计算加一。

文件名：56-2.py

```
# -*- coding: UTF-8 -*-

# 获取报价信息，详情请查看技巧 51
exec(open('function.py').read())

# 定义指标变量
OutDesk=0
InDesk=0

# 获取成交信息
for i in getMatch():
  MatchInfo=i.split(',')
  MatchTime=MatchInfo[0]
  MatchPrcie=int(MatchInfo[1])

  # 获取上下五档价信息
  UpDn5Info=getLastUpDn5()
  Dn1Price=int(UpDn5Info[1])
  Up1Price=int(UpDn5Info[11])

  # 进行内外盘判断
  if MatchPrcie>=Up1Price:
    OutDesk+=1
  if MatchPrcie<=Dn1Price:
    InDesk+=1

  print (MatchTime,"OutDesk",OutDesk,"InDesk",InDesk)
```

技巧 57 【程序】计算内外盘比率

通过**技巧 56** 计算过内外盘数量后，就可以开始计算内外盘比率了。内外盘的比率就是将内盘或外盘的数量除以内外盘的总和，从而得知目前内盘量或外盘量的比例。

以下通过外盘比率来进行计算，若外盘比率超过 0.5，则代表目前市场趋势为看多。下面是计算买盘、卖盘量比率的代码。

文件名：57.py

```
# -*- coding: UTF-8 -*-

# 获取报价信息，详情请查看技巧 51
```

```
execfile('function.py')

# 定义指标变量
OutDesk=0
InDesk=0

# 获取成交信息
for i in getMatch():
  MatchInfo=i.split(',')
  MatchTime=MatchInfo[0]
  MatchPrcie=int(MatchInfo[1])
  MatchQty=int(MatchInfo[2])

  # 获取上下五档价信息
  UpDn5Info=getLastUpDn5()
  Dn1Price=int(UpDn5Info[1])
  Up1Price=int(UpDn5Info[11])

  # 进行内外盘判断
  if MatchPrcie>=Up1Price:
   OutDesk+=MatchQty
  if MatchPrcie<=Dn1Price:
   InDesk+=MatchQty

  # 内外盘比率计算
  OutInRatio=float(OutDesk)/(OutDesk+InDesk)

  print (MatchTime,"OutDesKRatio",OutInRatio)
```

通过 Python 命令执行该程序，展示如下：

```
>python 57.py
12:48:46.84 OutDesKRatio 0.0
12:48:47.44 OutDesKRatio 0.333333333333
12:48:47.99 OutDesKRatio 0.285714285714
12:48:48.84 OutDesKRatio 0.444444444444
12:48:55.96 OutDesKRatio 0.5
12:48:56.82 OutDesKRatio 0.454545454545
12:48:57.84 OutDesKRatio 0.6
```

该技巧仅显示外盘比率，若比率高于 0.5，则趋势看涨；若比率低于 0.5，则趋势看跌。

技巧 58 【程序】计算买卖方委托总量

在前面回测的部分，曾提到委托买卖方总量的指标。本技巧将介绍如何通过委托的即时信息来转化计算为趋势判断的指标。

该指标的计算相当容易，因为委托簿所揭示的信息为累计信息，所以我们只需要将当前的即时信息相减过后就可以计算出委托买卖差额。以下为买卖方委托总量指标的计算代码。

文件名：58.py

```python
# -*- coding: UTF-8 -*-

# 获取报价信息，详情请查看技巧 51
execfile('function.py')

# 获取委托信息
for i in getOrder():
  OrderInfo=i.split(',')
  OrderTime=OrderInfo[0]
  OrderBAmount=int(OrderInfo[2])
  OrderSAmount=int(OrderInfo[4])
  # 委托总量相减，并显示
  print (OrderTime,"diffOrder",OrderBAmount-OrderSAmount)
```

通过 Python 命令执行该程序，展示如下：

```
>python 58.py
13:05:42.94 diffOrder -423
13:05:47.93 diffOrder -443
13:05:52.92 diffOrder -443
13:05:57.95 diffOrder -558
13:06:02.94 diffOrder -576
13:06:07.94 diffOrder -574
13:06:12.95 diffOrder -604
13:06:17.94 diffOrder -653
```

若委托总量相减为正数，则代表当前委托买手较多；反之，若为负数，则代表当前卖手较多。

技巧 59 【程序】计算买卖方委托平均量

买卖方平均委托量也是委托簿信息常见的延伸指标之一。通过买卖方委托的平均手数，可以判断目前市场交易大户是偏向买方还是卖方。

以下是计算买卖方委托平均量的代码。

文件名：59.py

```python
# -*- coding: UTF-8 -*-

# 获取报价信息，详情请查看技巧 51
exec(open('function.py').read())
```

```
# 获取委托信息
for i in getOrder():
  OrderInfo=i.split(',')
  OrderTime=OrderInfo[0]
  OrderBCnt=int(OrderInfo[1])
  OrderBAmount=int(OrderInfo[2])
  OrderSCnt=int(OrderInfo[3])
  OrderSAmount=int(OrderInfo[4])

  # 委托平均手数计算，并显示
  print (OrderTime,"avgOrderB",float(OrderBAmount)/OrderBCnt,"avgOrderS", float(OrderSAmount)/OrderSCnt)
```

通过 Python 命令执行该程序，展示如下：

```
>python 59.py
13:04:37.95 avgOrderB 2.5539223782 avgOrderS 2.47502947701
13:04:42.95 avgOrderB 2.55341328985 avgOrderS 2.47446421795
13:04:47.91 avgOrderB 2.55309707115 avgOrderS 2.47563360607
13:04:52.97 avgOrderB 2.5530220177 avgOrderS 2.4751580669
13:04:57.94 avgOrderB 2.55321914981 avgOrderS 2.47676365086
13:05:02.93 avgOrderB 2.55223880597 avgOrderS 2.47676457694
13:05:07.95 avgOrderB 2.55226804124 avgOrderS 2.47650164359
13:05:12.96 avgOrderB 2.55192180798 avgOrderS 2.47676594728
13:05:17.94 avgOrderB 2.55185635655 avgOrderS 2.47675552989
13:05:22.95 avgOrderB 2.55196866625 avgOrderS 2.47693563479
13:05:27.91 avgOrderB 2.55171703014 avgOrderS 2.47677057208
```

技巧 60 【程序】计算动态委托量变化

委托簿信息属于累计信息，因此可以进行动态委托量变化的计算，期货交易所揭示期货报价的委托簿信息，每 5 秒揭示一次，而每次的揭示内容都是从 8:30 开始累计信息。

只要通过程序来记录上一笔信息，就可以准确地计算出每次揭示的委托数据差异。以下是计算动态委托量差异的代码。

文件名：60.py

```
# -*- coding: UTF-8 -*-

# 获取报价信息，详情请查看技巧 51
exec(open('function.py').read())
lastOrderBAmount=0
lastOrderSAmount=0

# 获取委托信息
for i in getOrder():
```

```
  OrderInfo=i.split(',')
  OrderTime=OrderInfo[0]
  OrderBAmount=int(OrderInfo[2])
  OrderSAmount=int(OrderInfo[4])

  # 记录上一笔总量信息
  if lastOrderBAmount==0 and lastOrderSAmount==0:
   lastOrderBAmount=OrderBAmount
   lastOrderSAmount=OrderSAmount
   continue
  else:
   # 进行计算差值
   diffOrderBAmount=OrderBAmount-lastOrderBAmount
   diffOrderSAmount=OrderSAmount-lastOrderSAmount
   print (OrderTime,"diffOrderBAmount",diffOrderBAmount,"diffOrderSAmount",
diffOrderSAmount)
```

通过 Python 命令执行该程序，展示如下：

```
>python 60.py
10:33:15.24 diffOrderBAmount 26 diffOrderSAmount -8
10:33:20.27 diffOrderBAmount 30 diffOrderSAmount 11
10:33:25.27 diffOrderBAmount 15 diffOrderSAmount 15
10:33:30.28 diffOrderBAmount 23 diffOrderSAmount -10
10:33:35.26 diffOrderBAmount -9 diffOrderSAmount -291
10:33:40.26 diffOrderBAmount 6 diffOrderSAmount 18
10:33:45.26 diffOrderBAmount 27 diffOrderSAmount 8
10:33:50.24 diffOrderBAmount 34 diffOrderSAmount 2
10:33:55.24 diffOrderBAmount -12 diffOrderSAmount 5
10:34:00.24 diffOrderBAmount 13 diffOrderSAmount -12
10:34:05.25 diffOrderBAmount 22 diffOrderSAmount -11
10:34:10.26 diffOrderBAmount 21 diffOrderSAmount -33
10:34:15.24 diffOrderBAmount 11 diffOrderSAmount 68
10:34:20.26 diffOrderBAmount 54 diffOrderSAmount -28
```

技巧 61 【程序】计算上下五档平均成本

在期货交易所中，有揭示目前最佳五档价的委托信息。在委托簿信息中，只有揭示委托笔数以及委托手数，但是在最佳五档价的揭示中，有揭示价格和数量。

许多交易者会善用上下五档价量的变化来进行策略的进出场判断。本技巧介绍如何计算上下五档平均成本。

计算上下五档的平均成本，必须将上五档和下五档分开来算。对于计算出来的结果，每个投资人的看法不同，当然我们可以依照自己的习性去调整计算方式。例如：只采用上下三档价量来进行计算。

以下为计算上下五档平均成本的代码。

文件名：61.py

```
# -*- coding: UTF-8 -*-

# 获取报价信息，详情请查看技巧 51
exec(open('function.py').read())

# 获取上下五档价量信息
for i in getUpDn5():
 UpDn5Info=i.split(',')
 UpDn5Time=UpDn5Info[0]
 totalUpPrice=0
 totalUpQty=0
 totalDnPrice=0
 totalDnQty=0

 # 开始进行上下五档加权平均值
 for j in range(0,5):
  totalDnPrice+=int(UpDn5Info[1+2*j])*int(UpDn5Info[2+2*j])
  totalDnQty+=int(UpDn5Info[2+2*j])
  totalUpPrice+=int(UpDn5Info[11+2*j])*int(UpDn5Info[12+2*j])
  totalUpQty+=int(UpDn5Info[12+2*j])

 print (UpDn5Time,"avgUpPrice",float(totalUpPrice)/totalUpQty,"avgDnPrice",
float(totalDnPrice)/totalDnQty)
```

通过 Python 命令执行该程序，代码如下：

```
>python 61.py
10:30:50.88 avgUpPrice 10299.5110132 avgDnPrice 10293.4981818
10:30:51.00 avgUpPrice 10299.5110132 avgDnPrice 10293.5251799
10:30:51.12 avgUpPrice 10299.5221239 avgDnPrice 10293.565371
10:30:51.29 avgUpPrice 10300.0443548 avgDnPrice 10293.5714286
10:30:51.40 avgUpPrice 10300.193133 avgDnPrice 10294.4893617
10:30:51.53 avgUpPrice 10300.3119266 avgDnPrice 10294.5789474
10:30:51.63 avgUpPrice 10300.3738739 avgDnPrice 10294.5764706
10:30:51.79 avgUpPrice 10300.3497758 avgDnPrice 10294.5378486
10:30:51.88 avgUpPrice 10300.3288889 avgDnPrice 10294.5625
10:30:52.02 avgUpPrice 10300.3818182 avgDnPrice 10294.5719844
10:30:52.14 avgUpPrice 10300.3926941 avgDnPrice 10294.605364
10:30:52.26 avgUpPrice 10300.4259259 avgDnPrice 10294.605364
10:30:52.38 avgUpPrice 10300.4259259 avgDnPrice 10294.6503759
10:30:52.52 avgUpPrice 10300.4259259 avgDnPrice 10294.6503759
10:30:52.63 avgUpPrice 10300.4259259 avgDnPrice 10294.6503759
10:30:52.76 avgUpPrice 10301.0471014 avgDnPrice 10295.3045685
10:30:52.91 avgUpPrice 10301.0952381 avgDnPrice 10295.3538462
10:30:53.03 avgUpPrice 10301.0952381 avgDnPrice 10295.3608247
```

技巧 62 【程序】计算价格 MA 指标

历史信息的 MA 计算在前面章节中已介绍过，本技巧主要是教大家如何在即时环境中持续地计算最新的 MA。若要进行 MA 计算，就必须得设置好周期以及长度。假设是 10 分 MA，就必须设置分钟的分界点（判断点），然后进行 10 个收盘价的计算。

在即时的方法中，与 Tick 历史数据一样，不会等到获取第 10 分钟的收盘价才进行计算，我们会获取前 9 分钟的收盘价，接着与当前的报价作为收盘价，持续地更新 MA 值。以下是计算价格 MA 指标的代码。

文件名：62.py

```
# -*- coding: UTF-8 -*-

# 获取报价信息，详情请查看技巧 51
exec(open('function.py').read())

# 定义指标变量
MAarray=[]
MAnum=10
lastHMTime=""

# 获取成交信息
for i in getMatch():
 MatchInfo=i.split(',')

 # 定义 HHMM 的时间字符串，方便进行分钟转换判断
 HMTime=MatchInfo[0][0:2]+MatchInfo[0][3:5]
 MatchPrice=int(MatchInfo[1])

 # 进行 MA 的计算
 if len(MAarray)==0:
  MAarray+=[MatchPrice]
  lastHMTime=HMTime
 else:
  if HMTime==lastHMTime:
   MAarray[-1]=MatchPrice
  elif HMTime!=lastHMTime:
   if len(MAarray)<MAnum:
    MAarray+=[MatchPrice]
   elif len(MAarray)==MAnum:
    MAarray=MAarray[1:]+[MatchPrice]
   lastHMTime=HMTime
 print (HMTime,"MAvalue",float(sum(MAarray))/len(MAarray))
```

通过 Python 命令执行该程序，代码如下：

```
>python 62.py
1033 MAvalue 10295.0
1033 MAvalue 10295.0
1033 MAvalue 10295.0
...
1035 MAvalue 10294.3333333
1035 MAvalue 10294.3333333
1035 MAvalue 10294.3333333
1035 MAvalue 10294.0
1035 MAvalue 10294.0
1035 MAvalue 10294.6666667
1035 MAvalue 10294.6666667
1035 MAvalue 10294.3333333
```

技巧 63 【程序】计算量 MA 指标

量 MA 与价格 MA 的概念相同，都是计算移动平均值，但是在即时的计算方法中，由于量这个指标是通过一段时间进行累积而得的，所以并没有办法像价格 MA 那样通过每笔成交 Tick 都进行一次更新。

量 MA 的计算方式，与历史回测计算方式相同，假设我们计算 3 分量 MA，就会通过前 3 分钟个别的累计量来进行平均，与当前的累积量无关，直至此分钟结束才会将该数据列为新的数据列。

很多投资人会依照爆量的时机点跟进，通过该指标，只要当前累积量已经突破先前量的 MA，就可以发送下单信号了。以下是计算量 MA 指标的代码。

文件名：63.py

```python
# -*- coding: UTF-8 -*-

# 获取报价信息，详情请查看技巧 51
exec(open('function.py').read())

# 定义指标变量
Qty=[]
QMA=0
MAnum=5
lastHMTime=""
lastAmount=0

# 获取成交信息
for i in getMatch():
    MatchInfo=i.split(',')
```

```
# 定义 HHMM 的时间字符串,方便进行分钟转换判断
HMTime=MatchInfo[0][0:2]+MatchInfo[0][3:5]
MatchAmount=int(MatchInfo[3])

# 进行量 MA 的计算
if len(Qty)==0:
 Qty+=[0]
 lastHMTime=HMTime
 lastAmount=MatchAmount
else:
 if HMTime==lastHMTime:
  Qty[-1]=MatchAmount-lastAmount
 else:
  if len(Qty)==MAnum:
   QMA=sum(Qty)/len(Qty)
   print QMA
   Qty=Qty[1:]+[0]
  else:
   Qty+=[0]
  lastHMTime=HMTime
  lastAmount=MatchAmount
# 显示量 MA
print (Qty)
```

通过 Python 命令执行该程序,代码如下:

```
>python 63.py
[0]
[3]
[5]
[6]
[11]
...                           #5 分钟过后
[98, 119, 369, 701, 598]
[98, 119, 369, 701, 599]
[98, 119, 369, 701, 600]
[98, 119, 369, 701, 601]
[98, 119, 369, 701, 602]
[98, 119, 369, 701, 605]
[98, 119, 369, 701, 606]
[98, 119, 369, 701, 615]
[98, 119, 369, 701, 616]
380                           #MA,每一分钟收盘皆会算出每 5 分钟的量平均
[119, 369, 701, 616, 0]
[119, 369, 701, 616, 1]
[119, 369, 701, 616, 2]
[119, 369, 701, 616, 3]
[119, 369, 701, 616, 4]
[119, 369, 701, 616, 5]
```

技巧 64 【程序】计算每分钟价格变化趋势

计算一分钟价格变化趋势的意义是什么？其实就是记录上一分钟的价格，观察这一分钟的价格变动。

本技巧要阐述的不仅是价格的变动，还可以将任何信息套用进来。由于目前的成交单位是逐笔撮合，所以对于长期观察 K 线图和统计信息的投资者来说，逐笔价格的走势太过于混乱，无法清晰地观察目前市场上的动向，所以我们试着通过拉长时间单位，将周期由逐笔改为每分钟。

若每分钟内有 300 笔成交信息，则可通过这个技巧将信息简化至 1 笔，概念如同 K 线图的收盘价。以下是计算每分钟价格变化趋势的代码。

文件名：64.py

```
# -*- coding: UTF-8 -*-

# 获取报价信息，详情请查看技巧 51
exec(open('function.py').read())

# 定义指标变量
closePrice=[]
lastHMTime=""

# 获取成交信息
for i in getMatch():
 MatchInfo=i.split(',')
 # 定义 HHMM 的时间字符串，方便进行分钟转换判断
 HMTime=MatchInfo[0][0:2]+MatchInfo[0][3:5]
 MatchPrice=int(MatchInfo[1])

 # 进行每分钟收盘价计算
 if len(closePrice)==0:
  closePrice+=[MatchPrice]
  lastHMTime=HMTime
 else:
  if HMTime==lastHMTime:
   closePrice[-1]= MatchPrice
  elif HMTime!=lastHMTime:
   closePrice+=[MatchPrice]
   lastHMTime=HMTime

 # 显示当前价
 print ("current Price:",closePrice[-1])
```

通过 Python 命令执行该程序，代码如下：

```
>python 64.py
current Price: 10290
current Price: 10289
current Price: 10290
current Price: 10290
current Price: 10290
current Price: 10290
current Price: 10289
current Price: 10290
current Price: 10290
current Price: 10290
current Price: 10290
current Price: 10290
current Price: 10290
current Price: 10290
```

该技巧可以记录过去时间的信息，通过显示上一分钟来确认程序正确运行，如何运用该技巧，可依照每个使用者的想法调整应用。

技巧 65 【程序】计算固定 tick 数高开低收价

通常在计算 K 线时，我们会通过固定时间区段来统计高开低收价。现在我们拥有即时的报价存取，换个角度思考，或许通过固定的 tick 数量，可以更准确地描述当前价格与高开低收的对应关系。由于 K 线的看法种类繁多，因此依照每个人的喜好，可以调配不同的参数进行策略判断。

下面通过每 200 笔成交信息来进行开高低收价计算：

文件名：65.py

```
# -*- coding: UTF-8 -*-
# 获取报价信息，详情请查看技巧 51
exec(open('function.py').read())
# 定义指标变量
TickMA200=[]
TickOHLC=[]
# 获取成交信息
for i in getMatch():
 MatchInfo=i.split(',')
 MatchTime=MatchInfo[0]
 MatchPrice=int(MatchInfo[1])
 # 将 tick 相加
 TickMA200+=[MatchPrice]
 # 当 tick 为 200 笔时，进行高开低收统计
 if len(TickMA200)==200:
```

```
TickOHLC+=[[MatchTime,TickMA200[0],max(TickMA200),min(TickMA200),TickMA200[-1]]]
TickMA200=[]
print (TickOHLC[-1])
```

通过 Python 命令执行该程序，代码如下：

```
>python 65.py
['10:45:02.85', 10294, 10299, 10292, 10299]
['10:46:06.01', 10299, 10303, 10299, 10303]
['10:48:15.50', 10303, 10305, 10302, 10303]
['10:51:31.13', 10303, 10304, 10299, 10301]
['10:55:10.52', 10301, 10305, 10300, 10300]
['10:56:53.08', 10300, 10300, 10294, 10295]
['11:01:04.58', 10295, 10300, 10295, 10300]
['11:04:52.07', 10300, 10303, 10298, 10303]
```

技巧 66 【程序】计算大户指标

在交易市场上，大家都想追随握有筹码的大户。因为大家都知道，在金融市场上，握有筹码的玩家可以创造趋势。所以，大多数投资人会长期关注市场，希望找到大户的动向。

目前市场上的许多指标。都是通过技术指标搭配绘制线图，比较少去探究细小的结构数据，而这个大户指标就是探究细微的数据结构所衍生出来的指标。

在开始介绍大户指标前，我们需要先了解大户指标的架构，其实大户指标就是将大单量额外独立计算。简单来说，以交易手数的多寡来进行区分，可将市场区分成两个部分：大户与散户。如何独立出所谓每笔成交的大单呢？这是需要定义的，因为期货交易所提供的信息有限，所以我们要在有限的信息中尽可能地去解析它。要理解大户指标，必须先理解即时成交信息，而我们定义大单量的规则就是通过成交量高于设定的值，并解析每一笔成交信息。若买卖其中一方仅通过一笔单就可以吃掉另外一方的多笔数，就作为成交大单。例如：成交手数为 50 手，买方笔数为 1，卖方笔数为 10，则代表买方 1 个人的成交量平了卖方 10 个人的所有手数，我们称之为买方大单。

接着开始进行大户指标的编写，代码如下：

文件名：66.py

```
# -*- coding: UTF-8 -*-

# 获取报价信息，详情请查看技巧 51
exec(open('function.py').read())
```

```
# 定义指标变量
lastBcnt=0
lastScnt=0
accB=0
accS=0

# 获取成交信息
for i in getMatch():
 MatchInfo=i.split(',')
 MatchTime=MatchInfo[0]
 MatchPrice=int(MatchInfo[1])
 MatchQty=int(MatchInfo[2])
 MatchBcnt=int(MatchInfo[4])
 MatchScnt=int(MatchInfo[5])

# 存储上一笔最新总笔数
 if lastBcnt==0 and lastScnt==0:
  lastBcnt=MatchBcnt
  lastScnt=MatchScnt
 else:
  # 计算相差笔数
  diffBcnt=MatchBcnt-lastBcnt
  diffScnt=MatchScnt-lastScnt
  # 进行数量判断
  if MatchQty>=10:
   # 进行买卖方判断
   if diffBcnt==1 and diffScnt>1:
    accB+=MatchQty
    print (MatchTime,MatchPrice,MatchQty,0,accB,accS)
   elif diffScnt==1 and diffBcnt>1:
    accS+=MatchQty
    print (MatchTime,MatchPrice,0,MatchQty,accB,accS)

 lastBcnt=MatchBcnt
 lastScnt=MatchScnt
```

通过 Python 命令执行该程序，代码如下：

```
>python 66.py
10:42:20.74 10294 11 0 11 0
10:42:20.97 10294 11 0 22 0
10:44:33.61 10295 0 10 22 10
10:45:00.36 10297 0 12 22 22
10:45:13.60 10301 10 0 32 22
10:45:21.99 10302 14 0 46 22
10:47:41.96 10303 0 16 46 38
10:49:49.09 10300 0 10 46 48
10:51:31.11 10301 0 17 46 65
10:53:11.98 10301 0 10 46 75
```

```
10:54:34.76 10304 10  0  56  75
10:55:08.41 10302  0 15  56  90
10:56:31.95 10297  0 10  56 100
10:56:32.47 10296 35  0  91 100
10:59:15.95 10298 16  0 107 100
10:59:44.82 10297  0 10 107 110
11:03:22.70 10300  0 25 107 135
11:03:30.70 10301 10  0 117 135
11:06:23.22 10301  0 38 117 173
11:06:53.07 10300  0 35 117 208
11:06:59.34 10298  0 10 117 218
11:07:32.81 10298  0 15 117 233
11:08:10.93 10294  0 10 117 243
11:08:17.06 10294 29  0 146 243
```

第 6 章
判断涨跌的趋势

在金融市场的交易之中,许多人都想通过交易市场赚钱,所以每日的成交信息与涨幅结果都是买卖双方厮杀的结果。量化交易追求的并非是一夕之间赚进大把钱财,而是长期投资能够保持稳定获利,所以当我们在进行市场涨跌的趋势判断时,并不期望能够获取百分之百的准确度,甚至就算是低于 50% 的准确度,只要掌握好进出场点,掌控好止损,也是会稳定获利的。

技巧 67 【概念】趋势的发生与判断

在期货交易中,允许先买后卖(称为多方),也允许先卖后买(称为空方)。如果未来趋势看涨,自然会先买后卖以赚取价差;如果趋势看跌,也可以先卖个好价钱,再用比较低的成本买回,同样可赚取价差。

在期货交易市场中,必须有人愿意以某一个价格卖出,也有人愿意以这个价格买入,才会成交。交易的首要判断就是:要做多还是做空,也就是要买还是卖,买进代表此商品后势看涨,卖出代表此商品后势看跌。

如何判断交易商品的多空,方法不胜枚举,且依照投资的性质也有所差异。就期货日内交易来说,每次交易的趋势多空判断可能是当日委托买卖平均手数的比较,也有可能是当日成交量平均手数的比较,但就股票长期持有而言,就会依照长期走势的推算来判断多空。

在交易策略中,判断多空的时机与进场时机并不相等,就意义上而言,判断多空就像断定了当天的趋势,而进场时机是找一个好的时间点下单。

不论在哪种商品的交易市场中,趋势都有可能发生改变。若趋势发生改变,则可以考虑止损并反向持仓，只是在同一个趋势中投资人不该随意反向持仓，违背交易原则，可能会导致重大亏损。

技巧 68 【概念】趋势交易与顺势交易

在研发量化投资策略时，通常分为两种交易策略形态："趋势交易"和"顺势交易"。在五花八门的交易策略中，并不是所有交易策略都需要趋势判断，有一类的交易策略需要趋势判断，但另外一类的交易策略不需要。

不需要趋势判断的策略称为"顺势交易策略"。顺势交易不必判断多空，而是触发特定条件直接进场。例如：海龟策略，如果当日突破特定区间的高点即买多，突破低点即买空。

简单来说，若我们使用的策略是趋势交易，则我们的进场算法必须通过趋势判断进场；若为顺势交易，则只需要进行进场判断，详细介绍在**技巧 77** 中。

技巧 69 【程序】时间区段价格走势

判断趋势最简单、直观的方式就是用两个时间点比较，因为买卖双方在这段时间区段中经互相对抗后才会形成价格的涨跌，我们就利用这点来进行趋势判断。

通常我们会在 8:45 至 9:00 之间进行趋势判断，接着在 9:00 后寻找相对低点进场，而进场的说明在第 7 章中将会介绍。

可通过 8:45 至 9:00 时间区段的价格走势来进行趋势判断，代码如下：

文件名：69.py

```
# -*- coding: UTF-8 -*-

# 获取报价信息，详情请查看技巧 51
exec(open('function.py').read())

# 定义判断时间
trendStartTime=datetime.datetime.strptime('08:45:00.00',"%H:%M:%S.%f")
trendStartPrice=0
trendEndTime=datetime.datetime.strptime('09:00:00.00',"%H:%M:%S.%f")
trendEndPrice=0
trend=0
```

```
# 获取成交信息
for i in getMatch():
 MatchInfo=i.split(',')
 MatchTime=datetime.datetime.strptime(MatchInfo[0],"%H:%M:%S.%f")
 MatchPrcie=int(MatchInfo[1])

 # 判断趋势开始或结尾的成交价格
 if trendStartPrice==0 and MatchTime>trendStartTime:
  trendStartPrice=MatchPrcie
 elif trendEndPrice==0 and MatchTime>trendEndTime:
  trendEndPrice=MatchPrcie
  if trendEndPrice>trendStartPrice:
   trend+=1
  elif trendEndPrice<trendStartPrice:
   trend-=1
  break
print ("TrendStartPrice",trendStartPrice,"TrendEndPrice",trendEndPrice,"Trend:",trend)
```

通过 Python 命令执行该程序，结果如下：

```
>python 69.py
TrendStartPrice 10300 TrendEndPrice 10316 Trend: 1
```

技巧 70 【程序】多点查看委托量比重

在趋势的判断中，委托信息是成交的先行信息，许多投资人会与委托信息做连接，若可以掌握委托信息，就有机会预测当日的趋势。

本技巧通过买卖双方委托量各自的平均数来进行比较，若多方大于空方，则趋势看涨；反之，若空方大于多方，则趋势看跌。

本技巧当中加入了另外一个条件，就是多点查看，委托量为累计信息，所以当我们在 9 点整查看委托信息时，是由 8:30 至 9:00 的累计数据，若我们只查看一个时间点的委托比重，或许没有那么足够的信心支撑，此时就必须通过多个时间点的检验。

本技巧将会通过 3 个时间点委托比重的校验，若 3 个时间点中多方委托比重（OrderBAmount/OrderBCnt）较大（OrderBAmount/OrderBCnt 大于 OrderSAmount/OrderSCnt）两次以上，则趋势看涨，反之，空方委托比重（OrderSAmount/OrderSCnt）较大两次以上，则趋势看跌。

通过数学原理，只要每次判断会加一或减一，经过 3 次判断，则结果必定会是大于或小于 0，若趋势变数大于 0，则看多；小于 0，则看空。

通过 8:50、9:00、9:03 这 3 个时间点作为判断时机点，代码如下：

文件名：70.py

```
# -*- coding: UTF-8 -*-

# 获取报价信息，详情请查看技巧 51
exec(open('function.py').read())

# 定义判断时间
trendTime1=datetime.datetime.strptime('08:50:00.00',"%H:%M:%S.%f")
trendTime2=datetime.datetime.strptime('09:00:00.00',"%H:%M:%S.%f")
trendTime3=datetime.datetime.strptime('09:03:00.00',"%H:%M:%S.%f")
trendNum=0
trend=0

# 获取委托信息
for i in getOrder():
 OrderInfo=i.split(',')
 OrderTime=datetime.datetime.strptime(OrderInfo[0],"%H:%M:%S.%f")
 OrderBCnt=int(OrderInfo[1])
 OrderBAmount=float(OrderInfo[2])
 OrderSCnt=int(OrderInfo[3])
 OrderSAmount=float(OrderInfo[4])

 # 趋势判断
 if OrderTime>=trendTime1 and trendNum==0:
  if OrderBAmount/OrderBCnt > OrderSAmount/OrderSCnt:
   trend+=1
  elif OrderBAmount/OrderBCnt < OrderSAmount/OrderSCnt:
   trend-=1
  trendNum+=1
  print (OrderInfo[0],"B",OrderBAmount/OrderBCnt,"S",OrderSAmount/OrderSCnt)

 # 趋势判断
 if OrderTime>=trendTime2 and trendNum==1:
  if OrderBAmount/OrderBCnt > OrderSAmount/OrderSCnt:
   trend+=1
  elif OrderBAmount/OrderBCnt < OrderSAmount/OrderSCnt:
   trend-=1
  trendNum+=1
  print (OrderInfo[0],"B",OrderBAmount/OrderBCnt,"S",OrderSAmount/OrderSCnt)

 # 趋势判断
 if OrderTime>=trendTime3 and trendNum==2:
  if OrderBAmount/OrderBCnt > OrderSAmount/OrderSCnt:
   trend+=1
  elif OrderBAmount/OrderBCnt < OrderSAmount/OrderSCnt:
   trend-=1
  print (OrderInfo[0],"B",OrderBAmount/OrderBCnt,"S",OrderSAmount/OrderSCnt)
  break
print ("Trend",trend)
```

通过 Python 命令执行该程序，结果如下：

```
>python 70.py
08:50:04.28 B 2.9518213866 S 3.30638722555
09:00:04.28 B 2.71271347249 S 2.81610087294
09:03:04.24 B 2.57038945295 S 2.69571167883
Trend -3
```

技巧 71 【程序】多区段查看委托量变化

技巧 70 谈到的是多点查看委托量比重，而本技巧也是查看委托量信息，不同的是，它并不是通过单一时间点的检验来确定当天的趋势，而是通过每个区段的委托量变化去判定。何谓区段的委托量变化呢？就是我们将两个时间点的委托信息进行相减，取出该区段的变动量来进行趋势判断。

本技巧在 8:45 至 9:00 之间，每 5 分钟作为一个区段，查看每个区段的委托总量变化。

文件名：71.py

```
# -*- coding: UTF-8 -*-

# 获取报价信息，详情请查看技巧 51
exec(open('function.py').read())

# 定义判断时间
trendTime0=datetime.datetime.strptime('08:45:00.00',"%H:%M:%S.%f")
trendTime1=datetime.datetime.strptime('08:50:00.00',"%H:%M:%S.%f")
trendTime2=datetime.datetime.strptime('08:55:00.00',"%H:%M:%S.%f")
trendTime3=datetime.datetime.strptime('09:00:00.00',"%H:%M:%S.%f")
trendNum=0
trend=0

# 定义指标变量
lastBAmount=0
lastSAmount=0

# 获取委托信息
for i in getOrder():
 OrderInfo=i.split(',')
 OrderTime=datetime.datetime.strptime(OrderInfo[0],"%H:%M:%S.%f")
 OrderBAmount=int(OrderInfo[2])
 OrderSAmount=int(OrderInfo[4])
 if OrderTime>=trendTime0 and lastBAmount==0 and lastSAmount==0:
  lastBAmount=OrderBAmount
  lastSAmount=OrderSAmount

 # 趋势判断
 if OrderTime>=trendTime1 and trendNum==0:
  diffBAmount=OrderBAmount-lastBAmount
  diffSAmount=OrderSAmount-lastSAmount
```

```
    if diffBAmount > diffSAmount:
      trend+=1
    elif diffBAmount < diffSAmount:
      trend-=1
    trendNum+=1
    lastBAmount=OrderBAmount
    lastSAmount=OrderSAmount
    print (OrderInfo[0],"B",diffBAmount,"S",diffSAmount)

    # 趋势判断
    if OrderTime>=trendTime2 and trendNum==1:
     diffBAmount=OrderBAmount-lastBAmount
     diffSAmount=OrderSAmount-lastSAmount
     if diffBAmount > diffSAmount:
      trend+=1
     elif diffBAmount < diffSAmount:
      trend-=1
    trendNum+=1
    lastBAmount=OrderBAmount
    lastSAmount=OrderSAmount
    print (OrderInfo[0],"B",diffBAmount,"S",diffSAmount)

    # 趋势判断
    if OrderTime>=trendTime2 and trendNum==2:
     diffBAmount=OrderBAmount-lastBAmount
     diffSAmount=OrderSAmount-lastSAmount
     if diffBAmount > diffSAmount:
      trend+=1
     elif diffBAmount < diffSAmount:
      trend-=1
     print (OrderInfo[0],"B",diffBAmount,"S",diffSAmount)
     break
print ("Trend",trend)
```

通过 Python 命令执行该程序，结果如下：

```
>python 71.py
08:50:04.28 B 2550 S 2671
08:55:04.28 B 2231 S 2149
09:00:05.48 B 2246 S 2532
Trend -1
```

技巧 72 【程序】查看买卖平均成交手数

趋势的判断也可以通过成交的累计信息来进行预测。在第 5 章有提到买卖平均成交手数的指标，而这个技巧会通过该指标进行趋势判断。

买方平均的手数与卖方平均的手数比较，若买方平均的手数较大，则我们看涨；反之，若卖方平均的手数较大，我们看跌。

本技巧在 9:00 判断买卖平均成交手数，若买方平均手数较大，则趋势看多；若卖方平均手数较大，则趋势看空，代码如下。

文件名：72.py

```
# -*- coding: UTF-8 -*-

# 获取报价信息，详情请查看技巧 51
exec(open('function.py').read())

# 定义判断时间
trendTime=datetime.datetime.strptime('09:00:00.00',"%H:%M:%S.%f")
trend=0

# 获取成交信息
for i in getMatch():
 MatchInfo=i.split(',')
 MatchTime=datetime.datetime.strptime(MatchInfo[0],"%H:%M:%S.%f")
 MatchAmount=float(MatchInfo[3])
 MatchBcnt=int(MatchInfo[4])
 MatchScnt=int(MatchInfo[5])

 # 趋势判断
 if MatchTime>=trendTime:
  if MatchAmount/MatchBcnt>MatchAmount/MatchScnt:
   trend+=1
  elif MatchAmount/MatchBcnt<MatchAmount/MatchScnt:
   trend-=1
  print (MatchInfo[0],"B",MatchAmount/MatchBcnt,"S",MatchAmount/MatchScnt)
  break
print ("Trend",trend)
```

通过 Python 指令执行，结果如下：

```
>python 72.py
09:04:05.03 B 1.7448392555 S 1.7770118904
Trend -1
```

技巧 73 【程序】查看内外盘总量

在第 5 章中，有提到内外盘的用途及意义。简单来说，内外盘代表着目前买卖方的积极度，所以我们可以通过买卖方以往的积极度来预测目前市场的趋势。

可以选择比较通过某个时间点的内外盘总量来预测未来市场的趋势。

文件名：73.py

```
# -*- coding: UTF-8 -*-

# 取得报价信息，详情请查看技巧51
exec(open('function.py').read())

# 定义判断时间
trendTime=datetime.datetime.strptime('09:00:00.00',"%H:%M:%S.%f")
trend=0

# 定义指标变量
OutDesk=0
InDesk=0

# 取得成交信息
for i in getMatch():
 MatchInfo=i.split(',')
 MatchTime=datetime.datetime.strptime(MatchInfo[0],"%H:%M:%S.%f")
 MatchPrcie=int(MatchInfo[1])
 MatchQty=int(MatchInfo[2])
 UpDn5Info=getLastUpDn5()
 Dn1Price=int(UpDn5Info[1])
 Up1Price=int(UpDn5Info[11])
 if MatchPrcie>=Up1Price:
  OutDesk+=MatchQty
 if MatchPrcie<=Dn1Price:
  InDesk+=MatchQty
# 趋势判断
 if MatchTime >= trendTime:
  if OutDesk>InDesk:
   trend+=1
  elif OutDesk<InDesk:
   trend-=1
  break
 print (MatchInfo[0],"OutDesk",OutDesk,"InDesk",InDesk)
print ("Trend",trend)
```

通过 Python 命令执行该程序，结果如下：

```
>python 73.py
08:46:59.14 OutDesk0 InDesk1
08:46:59.38 OutDesk1 InDesk1
08:46:59.78 OutDesk1 InDesk12
08:47:00.13 OutDesk1 InDesk13
...
08:59:59.62 OutDesk2187 InDesk1765
08:59:59.73 OutDesk2187 InDesk1782
08:59:59.75 OutDesk2187 InDesk1783
08:59:59.79 OutDesk2187 InDesk1784
```

```
08:59:59.91 OutDesk2189 InDesk1784
08:59:59.92 OutDesk2191 InDesk1784
Trend 1
```

技巧 74 【程序】大户指标趋势判断

在第 5 章中提到计算的大户指标包含了单笔和总量的信息揭露，而多空方的总量能够作为趋势判断，通过特定时间点的大户指标的累计买卖数量进行比较。若累计买方数量较多，代表目前是买方强势，趋势看涨；反之，若空方累计数量较多，则空方强势，趋势看跌。

若要了解大户指标详细内容，请参考**技巧 66**。本例在 9 点整进行趋势判断（多方大单累积量大于空方大单累计量）。以下为通过大户指标趋势判断的代码。

文件名：74.py

```python
# -*- coding: UTF-8 -*-

# 获取报价信息，详情请查看技巧 51
exec(open('function.py').read())

# 定义判断时间
trendTime=datetime.datetime.strptime('09:00:00.00',"%H:%M:%S.%f")
trend=0

# 定义指标变量
lastBcnt=0
lastScnt=0
accB=0
accS=0

# 获取成交信息
for i in getMatch():
 MatchInfo=i.split(',')
 MatchTime=datetime.datetime.strptime(MatchInfo[0],"%H:%M:%S.%f")
 MatchPrice=int(MatchInfo[1])
 MatchQty=int(MatchInfo[2])
 MatchBcnt=int(MatchInfo[4])
 MatchScnt=int(MatchInfo[5])
 if lastBcnt==0 and lastScnt==0:
  lastBcnt=MatchBcnt
  lastScnt=MatchScnt
 else:
  diffBcnt=MatchBcnt-lastBcnt
  diffScnt=MatchScnt-lastScnt
  if MatchQty>=10:
   if diffBcnt==1 and diffScnt>1:
```

```
    accB+=MatchQty
    print (MatchInfo[0],MatchPrice,MatchQty,0,accB,accS)
  elif diffScnt==1 and diffBcnt>1:
    accS+=MatchQty
    print (MatchInfo[0],MatchPrice,0,MatchQty,accB,accS)

# 趋势判断
if MatchTime>=trendTime:
  if accB>accS:
   trend+=1
  elif accB<accS:
   trend-=1
  break

lastBcnt=MatchBcnt
lastScnt=MatchScnt

print ("Trend",trend)
```

通过 Python 命令执行该程序，结果如下：

```
>python 74.py
08:48:46.770000 10308 10 0 10 0
08:53:58.030000 10317 0 10 10 10
08:54:44.770000 10320 10 0 20 10
08:58:49.630000 10318 17 0 37 10
08:59:10.640000 10319 0 10 37 20
08:59:11.520000 10318 10 0 47 20
08:59:25.250000 10318 0 10 47 30
Trend 1
```

第 7 章
规划进场的时机

在整个交易流程当中，进场时机的规划是重要的环节之一，而市场上并没有完美的进场点，每个不同的策略会创造属于该策略的进场时机，而不是单从当日高低点可以进行判断的。走极短线交易风格的交易者，或许并不需要判断当日的高低点及目前的价位的对应关系，只需要在发生某个事件时进场。

技巧 75 【概念】何谓进场

投资人下单的第一步必须要先了解未来价格可能的走势，所以必须通过经验法则、价量关系以及指标函数来帮助我们判断。简单来说，投资人能利用目前市场上常用的观察方法找出进场时机，例如：MA 指标、布尔信道以及 K 线图表分析等。当然投资人也能将其组合成一个进场时机综合判断的方法，将不同的技术指标结合起来，当多项指标同时符合下单条件时为进场时机，这样就有机会加强投资的准确性。

技巧 76 【概念】进场点及成交价

在进行程序交易时，往往程序触发点与市场成交价不一样，通常会滑价 1～2 点。例如：若是 MA 穿越的策略，当前价穿越 MA，而当目前市场价格 10 000 点向上穿越 9 999 点 MA 指标，以市价买进一手，则成交价通常都是 10 001 点或以上，一买一卖则产生了两次滑点，影响获利绩效两点以上。这是为何呢？有以下 4 个原因。

（1）程序化交易获取当前报价成交在 10 000 点，也是策略的进场触发点，这 10 000 点成交价是市场上一买一卖的最佳成交价，但是这个信息是已经发生的数据，并不保证往后的价格关联性。

（2）MA 策略本来就是众多投资人关注的交易指标，若交易逻辑差异不大，则可能许多投资人同时触发进场点，这时就有可能造成上几档价都被成交，造成成交滑点问题。

（3）市场上的交易规则，市价买单会成交在市场最佳上一档价，也就是说，假设目前成交价为 10 000，上一档价可能是 10 001 或以上，因此下市价单极有可能会成交在 10 001 或以上。

（4）市场大户一笔订单成交于多个价位。例如：买单 10 000 与 10 001 的价格都被成交完，因此只能成交在 10 002。

技巧 77 【概念】趋势交易和顺势交易的进场区别

通常一整个完整的交易程序，会包含进场和出场机制，也就是说，假设我们拥有一支当冲的交易策略，其中会包含进场判断和出场判断，并且在当日一定会将既有的仓位平仓。

完整的交易策略当中的进场点，从信息的角度来说，分为趋势交易进场与顺势交易进场，单纯是因为两者的算法架构不同，并非是金融操作上的不同。

就构架来说，趋势策略进场会包含趋势判断和进场判断，例如委托判断多空，MA 穿越判断进场；而顺势策略仅有进场判断，例如，通过大户指标，买方一笔成交 40 手以上，则顺势做多。趋势交易及顺势交易的流程如图 7-1 所示。

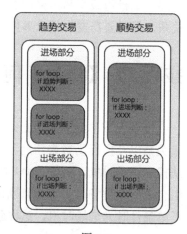

图 7-1

技巧 78 【概念】如何通过 Python 进行实盘委托

在程序化交易中，Python 所扮演的角色就是运算与判断平台，通过外部的程序来进行下单，所以我们会将焦点放在如何通过 Python 执行外部的程序。

Python 可以通过 subprocess 包中的 check_output 函数来进行外部命令，并且执行外部命令后，还能获取回传值，通过这样的搭配，我们就可以在 Python 中设立下单机制，甚至是委托系统。

本示例介绍的是进场条件的判断，重点并非下单的处理，所以有关下单的代码都会通过 print 函数以显示来代替实盘交易，在后面章节中才会提到如何进行实际下单与构建委托函数。

> **说明**
> 下单的机制与委托的读取，可参阅第 9 章的介绍。

技巧 79 【程序】固定时间进场

进场条件最简单的示例就是在固定时间进场，也就是当时间穿越指定的时间后就会进行进场动作。进场的动作在本章中将不进行真实下单，而以列出一行文字的方式显示，代码如下所示：

print("Order Buy Success!")

以下为固定时间进场的策略。

文件名：79.py

```
# -*- coding: UTF-8 -*-

# 获取报价信息，详情请查看技巧 51
exec(open('function.py').read())

orderTime=datetime.datetime.strptime('09:00:00.00',"%H:%M:%S.%f")

# 设置初始仓位，若为 0，则为空仓
index=0
orderPrice=0

# 获取成交信息
for i in getMatch():
 MatchInfo=i.split(',')
 MatchTime=datetime.datetime.strptime(MatchInfo[0],"%H:%M:%S.%f")
 MatchPrice=int(MatchInfo[1])
 if MatchTime>=orderTime:
  index=1
  orderPrice=MatchPrice
  print (MatchInfo[0],"Order Buy Success!")
  break
# 后续是出场条件判断，本章不做介绍
```

通过 Python 指令执行该程序，结果如下：

```
>python 79.py
09:00:00.09 Order Buy Success!
```

曾听过一种交易策略：在开盘时，由于价格震荡较大，通过两个交易账户在同一个价位的多方和空方各下一手并设置止损和止盈点，当趋势发生时，趋势相反的一方会进行止损，正确的一方则会赚取一个价格小波段。

固定时间进场都是一些特殊的时间点，例如 8:45 期货开盘，9:00 现货（股票）开盘，13:30 现货（股票）收盘。另外，或许是人们的习惯，整点（如 10 点、11 点）发生行情变化的机会都较高，也是进场的时机点。

技巧 80 【程序】价格穿越 MA 进场

MA 策略有许多变化，其中常见的就是快线追慢线。本技巧将介绍的是价格（快线）追 MA（慢线），若快线向上突破，则做多；反之，若快线向下突破，则做空。

通过逐笔的成交价进行价格穿越判断，该策略优缺点是并存的：优点是可以比一般看盘软件的投资人提早判断进场点；缺点是当价格波动小的时候，可能会造成反复穿越，必须通过其他进场判断机制来提高策略的准确度。

通常 MA 穿越策略，都是趋势交易的策略，会先决定多空的方向，毕竟在价格波动较大的期货市场中，在逐笔计算的情况下很有可能多次交叉穿越，这时若没有趋势判断，则可能会造成多次下单。

实盘交易时的 MA 穿越会搭配趋势判断，本示例仅展示价格由下往上穿越 MA 时买进一手，并没有搭配趋势判断。以下是 MA 策略和价格穿越 MA 的代码。

文件名：80.py

```
# -*- coding: UTF-8 -*-

# 获取报价信息，详情请查看技巧 51
exec(open('function.py').read())

# 设置指标变量
MAarray=[]
MAnum=10
lastHMTime=""
lastMAValue=0
lastPrice=0
# 设置趋势
trend=1
```

```
# 设置初始仓位，若为0，则为空仓
index=0
orderPrice=0

# 获取成交信息
for i in getMatch():
 MatchInfo=i.split(',')
 HMTime=MatchInfo[0][0:2]+MatchInfo[0][3:5]
 MatchPrice=int(MatchInfo[1])
 if len(MAarray)==0:
  MAarray+=[MatchPrice]
  lastHMTime=HMTime
 else:
  if HMTime==lastHMTime:
   MAarray[-1]=MatchPrice
  elif HMTime!=lastHMTime:
   if len(MAarray)<MAnum:
    MAarray+=[MatchPrice]
   elif len(MAarray)==MAnum:
    MAarray=MAarray[1:]+[MatchPrice]
   lastHMTime=HMTime

 if len(MAarray)==MAnum :
  MAValue=float(sum(MAarray))/len(MAarray)
  if lastMAValue==0 and lastPrice==0:
   lastMAValue=MAValue
   lastPrice=MatchPrice
   continue
  print ("Price",MatchPrice,"MA",MAValue)
  if trend==1:
   if MatchPrice>MAValue and lastPrice<=lastMAValue:
    index=1
    orderPrice=MatchPrice
    print (MatchInfo[0],"Order Buy Success!")
    break
  elif trend==-1:
   if MatchPrice<MAValue and lastPrice>=lastMAValue:
    index=-1
    orderPrice=MatchPrice
    print (MatchInfo[0],"Order Sell Success!")
    break

  lastMAValue=MAValue
  lastPrice=MatchPrice
# 后续是出场条件判断，本章不做介绍
```

通过 Python 指令执行该程序，结果如下：

```
>python 80.py
Price 10302 MA 10298.0
Price 10302 MA 10298.0
Price 10302 MA 10298.0
```

```
Price 10301 MA 10297.9Price 10298 MA 10297.6
Price 10297 MA 10297.5
Price 10298 MA 10297.6
09:32:52.06 Order Buy Success!
```

技巧 81 【程序】MA 快线追慢线进场

本技巧是在**技巧 80** 的基础上所进行的改良，改良的原因是期货的价格波动较大，所以很多时机点都是价格在一瞬间进行的假突破，接着成交价就往另外一方走了，这时就很有可能止损出场。因此通过比较两个 MA，可以减少价格所带来的瞬间影响力。消化过价格变化后，MA 的穿越显得相对稳定。

缺点是对于进场的判断时机较为缓慢。读者可以对该进场点进行修改，加上其他判断机制，让整个进场机制更加完整。

以下是 MA 快线追慢线进场的代码。

文件名：81.py

```
# -*- coding: UTF-8 -*-

# 获取报价信息，详情请查看技巧 51
exec(open('function.py').read())

# 设置指标变量
MAarray=[]
longMAnum=14
shortMAnum=7
lastHMTime=""
lastShortMAValue=0
lastLongMAValue=0

# 设置趋势
trend=1
# 设置初始仓位，若为 0，则为空仓
index=0
orderPrice=0

# 获取成交信息
for i in getMatch():
 MatchInfo=i.split(',')
 HMTime=MatchInfo[0][0:2]+MatchInfo[0][3:5]
 MatchPrice=int(MatchInfo[1])

 if len(MAarray)==0:
  MAarray+=[MatchPrice]
  lastHMTime=HMTime
 else:
  if HMTime==lastHMTime:
```

```
    MAarray[-1]=MatchPrice
  elif HMTime!=lastHMTime:
   if len(MAarray)<longMAnum:
    MAarray+=[MatchPrice]
   elif len(MAarray)==longMAnum:
    MAarray=MAarray[1:]+[MatchPrice]
   lastHMTime=HMTime

 if len(MAarray)==longMAnum :
  longMAValue=float(sum(MAarray))/longMAnum
  shortMAValue=float(sum(MAarray[longMAnum-shortMAnum:]))/shortMAnum
  if lastLongMAValue==0 and lastShortMAValue==0:
   lastLongMAValue=longMAValue
   lastShortMAValue=shortMAValue
   continue
  print ("ShortMA",shortMAValue,"LongMA",longMAValue)
  if trend==1:
   if shortMAValue>lastLongMAValue and lastShortMAValue<=lastLongMAValue:
    index=1
    orderPrice=MatchPrice
    print (MatchInfo[0],"Order Buy Success!")
    break
  elif trend==-1:
   if shortMAValue<lastLongMAValue and lastShortMAValue>=lastLongMAValue:
    index=-1
    orderPrice=MatchPrice
    print (MatchInfo[0],"Order Sell Success!")
    break
  lastLongMAValue=longMAValue
  lastShortMAValue=shortMAValue
# 后续是出场条件判断，本章不做介绍
```

通过 Python 指令执行该程序，结果如下：

```
>python 81.py
ShortMA 10294.4285714 LongMA 10295.7857143
ShortMA 10294.4285714 LongMA 10295.7857143
ShortMA 10294.5714286 LongMA 10295.8571429
ShortMA 10294.5714286 LongMA 10294.7142857
ShortMA 10294.7142857 LongMA 10294.7857143
...
ShortMA 10294.4285714 LongMA 10294.6428571
ShortMA 10295.5714286 LongMA 10295.2857143
09:42:00.69 Order Buy Success!
```

技巧 82 【程序】MA 第二次穿越进场

本技巧是**技巧 81** 的衍生策略。在真实的市场中，若大家都关注某一个指标的变化，那么有心操作的市场大户就可以进行假突破，接着反向拉价，这时可能许多人进场后会发现情况不对而仓皇止损；从程序化交易的角度来说，就有可能会触发止损条件而出场。

通过这个示例，我们就可以延缓进场，等趋势较确定后再进场。

图 7-2 为某一天 9:00 以后的价格走势以及 MA 线，圈内的走势在当天的一开始就向下突破，接着价格逆涨 30 点，许多在 9:00 左右做空的投资人应该都已经止损了。不过，第二次穿越之后，价格就一路走低。

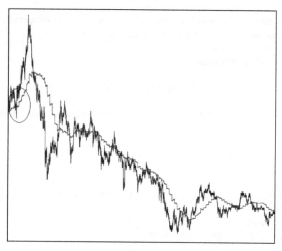

图 7-2

以下策略在第二次穿越后进场，通过一个标签（pass 变量）来记录目前穿越次数。

文件名：82.py

```
# -*- coding: UTF-8 -*-

# 获取报价信息，详情请查看技巧 51
exec(open('function.py').read())

# 设置指标变量
MAarray=[]
longMAnum=14
shortMAnum=7
lastHMTime=""
lastShortMAValue=0
lastLongMAValue=0
crossTime=0

# 设置趋势
trend=1
# 设置初始仓位，若为 0，则为空仓
index=0
```

```
orderPrice=0

# 获取成交信息
for i in getMatch():
 MatchInfo=i.split(',')
 HMTime=MatchInfo[0][0:2]+MatchInfo[0][3:5]
 MatchPrice=int(MatchInfo[1])

 if len(MAarray)==0:
  MAarray+=[MatchPrice]
  lastHMTime=HMTime
 else:
  if HMTime==lastHMTime:
   MAarray[-1]=MatchPrice
  elif HMTime!=lastHMTime:
   if len(MAarray)<longMAnum:
    MAarray+=[MatchPrice]
   elif len(MAarray)==longMAnum:
    MAarray=MAarray[1:]+[MatchPrice]

  if len(MAarray)==longMAnum :
   longMAValue=float(sum(MAarray))/longMAnum
   shortMAValue=float(sum(MAarray[longMAnum-shortMAnum:]))/shortMAnum
   if lastLongMAValue==0 and lastShortMAValue==0:
    lastLongMAValue=longMAValue
    lastShortMAValue=shortMAValue
    continue
   print ("ShortMA",shortMAValue,"LongMA",longMAValue)
   if trend==1:
    if shortMAValue>lastLongMAValue and lastShortMAValue<=lastLongMAValue:
     crossTime+=1
     print ("Cross",MatchInfo[0])
     if crossTime==2:
      index=1
      orderPrice=MatchPrice
      print (MatchInfo[0],"Order Buy Success!")
      break
   elif trend==-1:
    if shortMAValue<lastLongMAValue and lastShortMAValue>=lastLongMAValue:
     crossTime+=1
     print ("Cross",MatchInfo[0])
     if crossTime==2:
      index=-1
      orderPrice=MatchPrice
      print (MatchInfo[0],"Order Sell Success!")
      break
   lastLongMAValue=longMAValue
   lastShortMAValue=shortMAValue
 # 后续是出场条件判断，本章不做介绍
```

通过 Python 指令执行该程序，结果如下：

```
>python 82.py
ShortMA 10379.7142857 LongMA 10376.1428571
ShortMA 10379.7142857 LongMA 10376.1428571
ShortMA 10379.7142857 LongMA 10376.1428571
ShortMA 10379.7142857 LongMA 10376.1428571
...
ShortMA 10377.5714286 LongMA 10377.9285714
ShortMA 10378.2857143 LongMA 10378.0
Cross 09:25:00.03

ShortMA 10378.2857143 LongMA 10378.0
ShortMA 10378.1428571 LongMA 10377.9285714
...
ShortMA 10381.0 LongMA 10381.0714286
ShortMA 10381.0 LongMA 10381.0714286
ShortMA 10381.0 LongMA 10381.0714286
ShortMA 10381.1428571 LongMA 10381.1428571
Cross 09:41:04.27
09:41:04.27 Order Buy Success!
```

技巧 83 【程序】MA 延迟进场第二次穿越进场

本技巧是**技巧 82** 的延伸，为了应对许多价格短时间剧烈震荡而造成太早进场。市场是瞬息万变的，有些时候价格平稳，有些时候大幅度震荡。当市场价格较为平稳时，MA 策略就可能会发生来回穿越，如图 7-3 所示，就是价格来回震荡的走势。

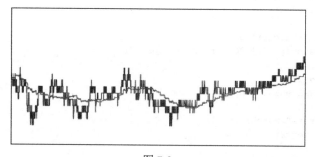

图 7-3

这时我们可以用某些方式来解决。

- 策略出场条件不使用 MA 穿越出场。
- 价格与 MA 的差异在某个范围内不出场，假设目前部位为一手多单，但价格与 MA 差距未超过 10 点，不出场。

- 延缓时间二次穿越进场，当前穿越后不进场，而是在数分钟以后第二次穿越进场。除了价格走势平稳以外，也可以预防市场的第一波走势被横扫的风险。MA 延迟进场第二次穿越进场的代码如下。

文件名：83.py

```python
# -*- coding: UTF-8 -*-

# 获取报价信息，详情请查看技巧 51
exec(open('function.py').read())

# 设置指标变量
MAarray=[]
longMAnum=14
shortMAnum=7
lastHMTime=""
lastShortMAValue=0
lastLongMAValue=0
crossTime=0
interval=300

# 设置趋势
trend=1

# 设置初始仓位，若为 0，则为空仓
index=0
orderPrice=0

# 获取成交信息
for i in getMatch():
 MatchInfo=i.split(',')
 HMTime=MatchInfo[0][0:2]+MatchInfo[0][3:5]
 MatchPrice=int(MatchInfo[1])
 if len(MAarray)==0:
  MAarray+=[MatchPrice]
  lastHMTime=HMTime
 else:
  if HMTime==lastHMTime:
   MAarray[-1]=MatchPrice
  elif HMTime!=lastHMTime:
   if len(MAarray)<longMAnum:
    MAarray+=[MatchPrice]
   elif len(MAarray)==longMAnum:
    MAarray=MAarray[1:]+[MatchPrice]
   lastHMTime=HMTime

 if len(MAarray)==longMAnum :
  longMAValue=float(sum(MAarray))/longMAnum
  shortMAValue=float(sum(MAarray[longMAnum-shortMAnum:]))/shortMAnum
  if lastLongMAValue==0 and lastShortMAValue==0:
   lastLongMAValue=longMAValue
   lastShortMAValue=shortMAValue
   continue
  print ("ShortMA",shortMAValue,"LongMA",longMAValue)
```

```
    if trend==1:
     if shortMAValue>lastLongMAValue and lastShortMAValue<=lastLongMAValue:
      if crossTime==0:
       crossTime=datetime.datetime.strptime(MatchInfo[0],"%H:%M:%S.%f")
       print ("Cross",MatchInfo[0])
      elif datetime.datetime.strptime(MatchInfo[0],"%H:%M:%S.%f") > crossTime+datetime.t
imedelta(0,interval):
       index=1
       orderPrice=MatchPrice
       print (MatchInfo[0],"Order Buy Success!")
       break
    elif trend==-1:
     if shortMAValue<lastLongMAValue and lastShortMAValue>=lastLongMAValue:
      if crossTime==0:
       crossTime=datetime.datetime.strptime(MatchInfo[0],"%H:%M:%S.%f")
       print ("Cross",MatchInfo[0])
      elif datetime.datetime.strptime(MatchInfo[0],"%H:%M:%S.%f") > crossTime+datetime.
timedelta(0,interval):
       index=-1
       orderPrice=MatchPrice
       print (MatchInfo[0],"Order Sell Success!")
       break
   lastLongMAValue=longMAValue
   lastShortMAValue=shortMAValue
   # 后续是出场条件判断，本章不做介绍
```

通过 Python 指令执行该程序，结果如下：

```
>python 83.py
ShortMA 10378.1428571 LongMA 10376.4285714
ShortMA 10378.1428571 LongMA 10376.4285714
ShortMA 10378.1428571 LongMA 10376.4285714
ShortMA 10378.1428571 LongMA 10376.4285714
ShortMA 10378.0 LongMA 10376.3571429
...
ShortMA 10378.2857143 LongMA 10378.0
Cross 09:25:00.03
ShortMA 10378.2857143 LongMA 10378.0
ShortMA 10378.1428571 LongMA 10377.928571
...
ShortMA 10381.0 LongMA 10381.0714286
ShortMA 10381.0 LongMA 10381.0714286
ShortMA 10381.1428571 LongMA 10381.1428571
09:41:04.27 Order Buy Success!
```

技巧 84 【程序】上下穿越高低点顺势进场

本技巧是市场上常见的策略。许多人会通过前几日的高低点来作为基准点，若向上或向下突破了相对高低点，则顺势进场交易。

在期货的日内交易中,常用的方式就是在开盘前几分钟设置价格高低点,当突破该高低点就顺势进场。

以下是上下穿越高低点顺势进场的代码,由于 FastOS 本身提供了当日开盘的高低价,因此直接通过该特性编写代码,节省许多不必要的运算。

文件名:84-1.py

```
# -*- coding: UTF-8 -*-

# 获取报价信息,详情请查看技巧 51
exec(open('function.py').read())

# 设置指标变量
trendEndTime=datetime.datetime.strptime("09:00:00.00","%H:%M:%S.%f")
highPoint=0
lowPoint=0

# 设置初始仓位,若为 0,则为空仓
index=0
orderPrice=0

# 获取高低点
for i in getMatch():
 MatchInfo=i.split(',')
 MatchTime=datetime.datetime.strptime(MatchInfo[0],"%H:%M:%S.%f")
 MatchHigh=int(MatchInfo[6])
 MatchLow=int(MatchInfo[7])
 if MatchTime>=trendEndTime:
  highPoint=MatchHigh
  lowPoint=MatchLow
  break
print ("HighPoint",highPoint,"LowPoint",lowPoint)

# 进场判断
for i in getMatch():
 MatchInfo=i.split(',')
 MatchPrice=int(MatchInfo[1])

 if MatchPrice>highPoint:
  index=1
  orderPrice=MatchPrice
  print (MatchInfo[0],"Order Buy Success!")
  break
 elif MatchPrice<lowPoint:
  index=-1
  orderPrice=MatchPrice
  print (MatchInfo[0],"Order Sell Success!")
  break
# 后续是出场条件判断,本章不做介绍
```

通过 Python 指令执行该程序，结果如下：

```
>python 84-1.py
HighPoint 10370 LowPoint 10354
09:04:59.98 Order Buy Success!
```

因为通过所发布的最高价及最低价信息，只能记录从开盘至当前的信息，若要计算从程序开启开始至特定时间的最高价和最低价，可以通过以下代码来实现。

文件名：84-2.py

```
# -*- coding: UTF-8 -*-

# 获取报价信息，详情请查看技巧51
exec(open('function.py').read())

# 设置指标变量
trendEndTime=datetime.datetime.strptime("09:00:00.00","%H:%M:%S.%f")
highPoint=0
lowPoint=999999999

# 设置初始仓位，若为0，则为空仓
index=0
orderPrice=0

# 获取高低点
for i in getMatch():
 MatchInfo=i.split(',') MatchTime=datetime.datetime.strptime(MatchInfo[0],"%H:%M:%S.%f")
 MatchPrice=int(MatchInfo[1])
 if MatchPrice>highPoint:
  highPoint=MatchPrice
 if MatchPrice<lowPoint:
  lowPoint=MatcMatchPricehLow

 if MatchTime>=trendEndTime:
  break
print "HighPoint",highPoint,"LowPoint",lowPoint

# 进场判断
for i in getMatch():
 MatchInfo=i.split(',')
 MatchPrice=int(MatchInfo[1])
 if MatchPrice>highPoint:
  index=1
  orderPrice=MatchPrice
  print MatchInfo[0],"Order Buy Success!"
  break
 elif MatchPrice<lowPoint:
  index=-1
  orderPrice=MatchPrice
  print MatchInfo[0],"Order Sell Success!"
  break
# 后续是出场条件判断，本章不做介绍
```

技巧 85 【程序】上下穿越高低点加上高低点区间顺势进场

本技巧是技巧 84 的延伸，突破高低点区间，该进场条件是市场常见的进场策略。太明显的散户趋势可能会成为大户套利的机会，也就是说大户趁机布单接着反向拉价，这时就会造成假突破，接着减仓（清仓）出场。为了避免这种情况发生，可以用两种方式解决该问题。

1．动态侦测价格

若连续一分钟判断价格是假突破（查看价格有无回归），此解决方案会延后进场时机。

2．在上下区间以外再加上额外点数

通常设置上下区间的价差为额外点数。例如最高价与最低价分别为 10 000、9 900，进场点则变为向上突破 10 100[10 000 + (10 000 − 9 900)]以及向下突破 9 800[9 000 − (10 000 − 9 900)]。此解决方案会降低获利。

本技巧将介绍上述的第二个解决方案，上下穿越高低点加上高低点区间顺势进场，以下为代码。

文件名：85-1.py

```
# -*- coding: UTF-8 -*-

# 获取报价信息，详情请查看技巧 51
exec(open('function.py').read())

# 设置指标变量
trendEndTime=datetime.datetime.strptime("09:00:00.00","%H:%M:%S.%f")
highPoint=0
lowPoint=0
spread=0

# 设置初始仓位，若为 0，则为空仓
index=0
orderPrice=0

# 获取高低点
for i in getMatch():
  MatchInfo=i.split(',')
  MatchTime=datetime.datetime.strptime(MatchInfo[0],"%H:%M:%S.%f")
  MatchHigh=int(MatchInfo[6])
  MatchLow=int(MatchInfo[7])
  if MatchTime>=trendEndTime:
```

```
   highPoint=MatchHigh
   lowPoint=MatchLow
   spread=highPoint-lowPoint
   break
print ("HighPoint",highPoint,"LowPoint",lowPoint,"Spread",spread)

# 进场判断
for i in getMatch():
 MatchInfo=i.split(',')
 MatchPrice=int(MatchInfo[1])

 if MatchPrice>highPoint+spread:
  index=1
  orderPrice=MatchPrice
  print (MatchInfo[0],"Order Buy Success!")
  break
 elif MatchPrice<lowPoint-spread:
  index=-1
  orderPrice=MatchPrice
  print (MatchInfo[0],"Order Sell Success!")
  break
# 后续是出场条件判断，本章不做介绍
```

通过 Python 指令执行该程序，结果如下：

```
>python 85-1.py
HighPoint 10371 LowPoint 10354 Spread 17
09:50:48.20 Order Buy Success!
```

通过所发布的最高价及最低价信息只能记录从开盘至此，若要计算从程序开启开始至特定时间的最高价和最低价，可以通过以下代码来实现。

文件名：85-2.py

```
# -*- coding: UTF-8 -*-

# 获取报价信息，详情请查看技巧 51
exec(open('function.py').read())

# 设置指标变量
trendEndTime=datetime.datetime.strptime("09:00:00.00","%H:%M:%S.%f")
highPoint=0
lowPoint=999999999
spread=0

# 设置初始仓位，若为 0 则为空仓
index=0
orderPrice=0
# 获取高低点

for i in getMatch():
```

```
MatchInfo=i.split(',') MatchTime=datetime.datetime.strptime(MatchInfo[0],"%H:%M:%S.%f")
MatchPrice=int(MatchInfo[1])
if MatchPrice>highPoint:
 highPoint=MatchPrice
if MatchPrice<lowPoint:
 lowPoint=MatcMatchPricehLow

if MatchTime>=trendEndTime:
 spread=highPoint-lowPoint
 break
print ("HighPoint",highPoint,"LowPoint",lowPoint,"Spread",spread)

# 进场判断
for i in getMatch():
 MatchInfo=i.split(',')
 MatchPrice=int(MatchInfo[1])
 if MatchPrice>highPoint+spread:
  index=1
  orderPrice=MatchPrice
  print (MatchInfo[0],"Order Buy Success!")
  break
 elif MatchPrice<lowPoint-spread:
  index=-1
  orderPrice=MatchPrice
  print (MatchInfo[0],"Order Sell Success!")
  break
# 后续是出场条件判断，本章不做介绍
```

技巧 86 【程序】大户指标触发进场

大户指标的运用，既可以用来判断目前的趋势变化，也可以用来判断单一事件。（在第 5 章中，介绍过大户指标；在关于"趋势判断"的章节中，也有通过大户指标进行判断的内容。）进场条件是单一事件的触发，也就是说，我们可以通过单一一笔较大的量作为信号来进场。

以下将通过单笔 30 手以上大单并且配合大单累积量同时符合时才进场，也就是说，假设目前大单累计买量 500 手，大单累计卖量 700 手，卖方新增一笔 50 手大单，则做空。

此进场还有一个基础，设想当一个人下了 30 手以上的大单时，是不是在市场上就形成了一股无形的压力？以下是大户指标触发进场的代码。

文件名：86.py

```
# -*- coding: UTF-8 -*-

# 获取报价信息，详情请查看技巧 51
exec(open('function.py').read())
```

```python
# 设置指标变量
lastBcnt=0
lastScnt=0
accB=0
accS=0

# 设置初始仓位，若为 0，则为空仓
index=0
orderPrice=0

# 获取成交信息
for i in getMatch():
 MatchInfo=i.split(',')
 MatchTime=datetime.datetime.strptime(MatchInfo[0],"%H:%M:%S.%f")
 MatchPrice=int(MatchInfo[1])
 MatchQty=int(MatchInfo[2])
 MatchBcnt=int(MatchInfo[4])
 MatchScnt=int(MatchInfo[5])
 if lastBcnt==0 and lastScnt==0:
  lastBcnt=MatchBcnt
  lastScnt=MatchScnt
 else:
  diffBcnt=MatchBcnt-lastBcnt
  diffScnt=MatchScnt-lastScnt
  if MatchQty>=10:
   if diffBcnt==1 and diffScnt>1:
    accB+=MatchQty
    print (MatchInfo[0],MatchPrice,MatchQty,0,accB,accS)
    if MatchQty>=30 and accB>accS:
     index=1
     orderPrice=MatchPrice
     print (MatchInfo[0],"Order Buy Success!")
     break
   elif diffScnt==1 and diffBcnt>1:
    accS+=MatchQty
    print (MatchInfo[0],MatchPrice,0,MatchQty,accB,accS)
    if MatchQty>=30 and accS>accS:
     index=-1
     orderPrice=MatchPrice
     print (MatchInfo[0],"Order Sell Success!")
     break
 lastBcnt=MatchBcnt
 lastScnt=MatchScnt
# 后续是出场条件判断，本章不做介绍
```

通过 Python 指令执行该程序结果如下：

```
>python 86.py
09:06:27.55 10370 17 0 17 0
09:08:45.18 10372 24 0 41 0
09:08:45.31 10372 11 0 52 0
09:10:38.80 10384 15 0 67 0
```

```
09:12:55.42 10380 0  13  67  13
09:13:35.56 10380 0  25  67  38
09:14:05.18 10379 0  10  67  48
09:15:04.04 10383 10 0   77  48
09:15:25.05 10381 0  11  77  59
09:16:14.19 10378 0  10  77  69
09:17:06.83 10375 0  10  77  79
09:17:07.29 10376 0  12  77  91
09:17:43.30 10375 0  10  77  101
09:20:02.04 10378 20 0   97  101
09:22:30.81 10377 10 0   107 101
09:22:47.66 10378 0  10  107 111
09:29:40.79 10381 10 0   117 111
09:29:58.52 10381 12 0   129 111
09:29:59.21 10383 59 0   188 111
09:29:59.21 Order Buy Success!
```

第 8 章
设置出场及止损获利的条件

在一个自动交易策略中，稳定的出场规则是相当重要的，这是在主观交易中很难实现的部分，因为人性具有贪婪以及恐惧的特质，当这些情绪影响到交易者，就很难控制交易的风险。

程序策略的出场可能会因为太过于死板而错过许多赚钱的机会，要在固定的交易逻辑中既能控制风险又能兼顾获利的稳定是计量交易者必备的功课。本章所提供的出场示例是由目前常见的一些出场条件以及一些笔者本身的交易经验所汇集而成。

技巧 87 【概念】何谓出场

商品交易分为进场和出场，其中出场的意思就是将目前的"持仓头寸"进行结算，"持仓"就是存有投资商品在自己名下，"头寸"代表资金，出场则代表另外一个含义，即获利了结或停止亏损。

当投资人手上有持仓头寸时，就会思考如何处理这些头寸，若目前持仓头寸符合当前的趋势，则思考如何止盈；反之，若当前头寸的多空不符合当前的趋势，则思考如何止损。

许多投资人会用进场时机的交易逻辑去判别何时平仓，但平仓还需要考虑到止损，所以当持仓头寸的动态损益已经亏损到一个基准点时，这个时间点也就是投资人平仓的时机，也是风险管控的重要课题。

在状态不明、亏损过大或情绪不稳定时，建议先平仓，退出市场观察后再决定是否要继续交易。这个观念反映的是市场的不确定性与高风险性，因为日内交易往往价格波动比较大，若遇到非预期的状况，建议先出场，等待趋势明确后再进场。

技巧 88 【程序】价格止损与获利

第一个出场的技巧几乎是每个策略都会用到的价格止损或价格止盈。站在一个投资的角度，不仅要考虑获利，也要考虑投资风险。作为一个程序化交易者，当然要运用程序的优势进行精准的止损/止盈，控制投资的获利与风险。

策略的出场并非一定是价格的因素，有可能是某个事件触发，但是在所有出场条件中价格这个指标必须考虑，因为若没有考虑价格，则可能会导致保证金不足而直接爆仓。

价格止损与价格止盈，是可以分别使用的。许多人会用价格作为止损指标来控制风险，但是不一定会用单一价位作为止盈的基准。

单一价格的止盈较少被使用，原因是整个市场每天的活跃度都是不同的，若是达到某些特定条件，例如：交易所涨跌幅的限制为10%，则可在此区间附近进行止盈。以下是价格止损/止盈的代码。

文件名：88.py

```
# -*- coding: UTF-8 -*-

# 获取报价信息，详情请查看技巧 51
exec(open('function.py').read())

# 定义指标变量
stopLoss=10
takeProfit=10

# 假设目前仓位为买方，进场部分请参考第 7 章
index=1
orderPrice=10300
coverPrice=0

# 获取成交信息
for i in getMatch():
 MatchInfo=i.split(',')
 MatchPrice=int(MatchInfo[1])

 # 出场判断
 if index==1:
  if MatchPrice>=orderPrice+takeProfit or MatchPrice<=orderPrice-stopLoss:
   index=0
   coverPrice=MatchPrice
   print (MatchInfo[0],"Order Sell Success!")
   break
 elif index==-1:
  if MatchPrice<=orderPrice-takeProfit or MatchPrice>=orderPrice+stopLoss:
```

```
index=0
coverPrice=MatchPrice
print (MatchInfo[0],"Order Buy Success!")
break
```

技巧 89 【程序】价格回跌获利出场

从**技巧 88** 延伸至此，换个角度思考，若止盈出场不是通过单一价差，而是能够随着时间与市场成交价有所改变，则是一个不错的想法。

本技巧将在当前价高于进场价加上特定的止盈基准点时开始进行侦测。假设我们设定 30 点为止盈基准点，回跌 25%出场，我们在 10 000 点进场，其中价格最高飙到 10 040，回跌至 10 030[10 000 ＋ (40 × 75%)]时则出场，若价格没有突破 10 030，则回跌不计。

以下为价格回跌止盈出场的代码，其中止盈基准点为 20，回跌至 75%则出场。

文件名：89.py

```
# -*- coding: UTF-8 -*-

# 获取报价信息，详情请查看技巧 51
exec(open('function.py').read())

# 定义指标变量
takeProfit=20
maxProfit=0
fallBack=0.75

# 假设目前仓位为买方，进场部分请参考第 7 章
index=1
orderPrice=10300
coverPrice=0

# 获取成交信息
for i in getMatch():
 MatchInfo=i.split(',')
 MatchPrice=int(MatchInfo[1])

 # 出场判断
 if index==1:
  currentProfit=MatchPrice-orderPrice
  if currentProfit>=max(takeProfit,maxProfit):
   maxProfit=currentProfit
  if maxProfit>0 and maxProfit*fallBack>currentProfit:
   index=0
   coverPrice=MatchPrice
```

```
    print (MatchInfo[0],"Order Sell Success!")
    break

elif index==-1:
 currentProfit=orderPrice-MatchPrice
 if currentProfit>=max(takeProfit,maxProfit):
  maxProfit=currentProfit
 if maxProfit>0 and maxProfit*fallBack>currentProfit:
  index=0
  coverPrice=MatchPrice
  print (MatchInfo[0],"Order Sell Success!")
  break
```

技巧 90 【程序】MA 穿越价格出场

在第 7 章的**技巧 80** 中,已经介绍过价格穿越 MA 的进场判断,而本技巧则是通过 MA 来进行出场条件的判断。

策略的进出场条件:不一定进场有 MA 条件,出场就必须有 MA 条件,每个策略都可以通过进出场条件的特性去互相搭配。MA 出场有一个特性,即当价格趋于平稳时就是出场时机。

或许通过某些有趣的配合,例如爆量进场与 MA 穿越出场,不过这在实际的市场买卖中还是要考虑滑点风险的。

以下为 MA 穿越价格出场的代码。

文件名:90.py

```
# -*- coding: UTF-8 -*-

# 获取报价信息,详情请查看技巧 51
exec(open('function.py').read())

# 定义指标变量
MAarray=[]
MAnum=10
lastHMTime=""
lastMAValue=0
lastPrice=0

# 假设目前仓位为买方,进场部分请参考第 7 章
index=1
orderPrice=10300
coverPrice=0

# 获取成交信息
```

```
for i in getMatch():
 MatchInfo=i.split(',')
 HMTime=MatchInfo[0][0:2]+MatchInfo[0][3:5]
 MatchPrice=int(MatchInfo[1])

 if len(MAarray)==0:
  MAarray+=[MatchPrice]
  lastHMTime=HMTime
 else:
  if HMTime==lastHMTime:
   MAarray[-1]=MatchPrice
  elif HMTime!=lastHMTime:
   if len(MAarray)<MAnum:
    MAarray+=[MatchPrice]
   elif len(MAarray)==MAnum:
    MAarray=MAarray[1:]+[MatchPrice]
   lastHMTime=HMTime

 # 出场判断
 if len(MAarray)==MAnum :
  MAValue=float(sum(MAarray))/len(MAarray)
  if lastMAValue==0 and lastPrice==0:
   lastMAValue=MAValue
   lastPrice=MatchPrice
   continue
  print ("Price",MatchPrice,"MA",MAValue)
  if index==1:
   if MatchPrice<MAValue and lastPrice>=lastMAValue:
    index=0
    coverPrice=MatchPrice
    print (MatchInfo[0],"Order Sell Success!")
    break
  elif index==-1:
   if MatchPrice>MAValue and lastPrice<=lastMAValue:
    index=0
    coverPrice=MatchPrice
    print (MatchInfo[0],"Order Buy Success!")
    break
  lastMAValue=MAValue
  lastPrice=MatchPrice
```

技巧 91 【程序】MA 慢线追过快线出场

在第 7 章的**技巧 81** 中，已经介绍过 MA 快线穿越 MA 慢线的进场判断，而本技巧则是通过 MA 来进行出场条件的判断。

本技巧与**技巧 90** 的差异在于，双 MA 线不会受到价格的直接影响。

以下是 MA 慢线追过快线出场的代码。

文件名：91.py

```python
# -*- coding: UTF-8 -*-

# 获取报价信息，详情请查看技巧 51
exec(open('function.py').read())

# 定义指标变量
MAarray=[]
longMAnum=14
shortMAnum=7
lastHMTime=""
lastShortMAValue=0
lastLongMAValue=0

# 假设目前仓位为买方，进场部分请参考第 7 章
index=1
orderPrice=10300
coverPrice=0

# 获取成交信息
for i in getMatch():
 MatchInfo=i.split(',')
 HMTime=MatchInfo[0][0:2]+MatchInfo[0][3:5]
 MatchPrice=int(MatchInfo[1])

 if len(MAarray)==0:
  MAarray+=[MatchPrice]
  lastHMTime=HMTime
 else:
  if HMTime==lastHMTime:
   MAarray[-1]=MatchPrice
  elif HMTime!=lastHMTime:
   if len(MAarray)<longMAnum:
    MAarray+=[MatchPrice]
   elif len(MAarray)==longMAnum:
    MAarray=MAarray[1:]+[MatchPrice]
   lastHMTime=HMTime

 # 出场判断
 if len(MAarray)==longMAnum :
  longMAValue=float(sum(MAarray))/longMAnum
  shortMAValue=float(sum(MAarray[longMAnum-shortMAnum:]))/shortMAnum
  if lastLongMAValue==0 and lastShortMAValue==0:
   lastLongMAValue=longMAValue
   lastShortMAValue=shortMAValue
   continue
  print ("ShortMA",shortMAValue,"LongMA",longMAValue)
  if index==1:
   if shortMAValue<lastLongMAValue and lastShortMAValue>=lastLongMAValue:
    index=0
    coverPrice=MatchPrice
    print (MatchInfo[0],"Order Sell Success!")
```

```
        break
    elif index==-1:
     if shortMAValue>lastLongMAValue and lastShortMAValue<=lastLongMAValue:
      index=0
      coverPrice=MatchPrice
      print (MatchInfo[0],"Order Buy Success!")
      break
    lastLongMAValue=longMAValue
    lastShortMAValue=shortMAValue
```

技巧 92 【程序】委托比重反转出场

在趋势判断的章节（第 6 章）中，有通过委托量来进行趋势判断的技巧，而许多策略会依据这些技巧来作为趋势判断。

本技巧为趋势不明的策略出场条件。若进场时，委托比重为买方大于卖方，而在进场后委托比重反转为卖方大于买方，这时趋势已经不明确了，或许就该出场了。

若没有依据委托比重作为进场趋势的判断，则通过该技巧的出场条件可能会造成进场后马上出场的情况，所以必须谨慎规划策略，才不会造成无谓的损失。

以下为委托比重反转出场的代码。

文件名：92.py

```
# -*- coding: UTF-8 -*-

# 获取报价信息，详情请查看技巧 51
exec(open('function.py').read())

# 定义指标变量
lastBAmount=0
lastSAmount=0

# 假设目前仓位为买方，进场部分请参考第 7 章
index=1
orderPrice=10300

# 获取委托信息
for i in getOrder():
 OrderInfo=i.split(',')
 OrderBAmount=int(OrderInfo[2])
 OrderSAmount=int(OrderInfo[4])

 if lastBAmount==0 and lastSAmount==0:
  lastBAmount=OrderBAmount
  lastSAmount=OrderSAmount
```

```
diffBAmount=OrderBAmount-lastBAmount
diffSAmount=OrderSAmount-lastSAmount

# 抽单出场判断
if index==1:
 if diffBAmount <= -100:
  index=0
  print (MatchInfo[0],"Order Sell Success!")
  break
elif index==-1:
 if diffSAmount <= -100:
  index=0
  print (MatchInfo[0],"Order Buy Success!")
  break
```

技巧 93 【程序】委托量抽单出场

委托簿的信息属于累计信息，从中我们可以了解到每 5 秒的变动，而在某些时刻会有委托撤单的现象。撤单是委托簿的累计信息不增反减，例如委托买卖量上 5 秒的信息比当前委托买卖量还高，代表这 5 秒有投资人将委托单进行取消。

委托下单是需要保证金的，当市场上的交易大户要进行大手数的委托时，需要有足额的保证金，所以会有大手数撤单，代表有高额保证金的转移，这往往是趋势发生的前兆。我们可以利用这种市场行为来作为策略的判断依据，但也要依照每个读者的看法做策略的用途。

本技巧将通过委托量单笔的大量减少来作为出场的判断，例如当仓位为买单，买方的委托总量单笔减少 200 手，则出场；当仓位为卖单，卖方的委托总量单笔减少 200 手，则出场。

以下是委托量撤单出场的代码，该示例以 100 手为基准，撤单大于 100 手则为出场信号。

文件名：93.py

```
# -*- coding: UTF-8 -*-

# 获取报价信息，详情请查看技巧 51
exec(open('function.py').read())

# 假设目前仓位为买方，进场部分请参考第 7 章
index=1
orderPrice=10300
```

```
# 取得委托信息
for i in getOrder():
 OrderInfo=i.split(',')
 OrderBCnt=int(OrderInfo[1])
 OrderBAmount=float(OrderInfo[2])
 OrderSCnt=int(OrderInfo[3])
 OrderSAmount=float(OrderInfo[4])

# 出场判断
if index==1:
 if OrderBAmount/OrderBCnt<OrderSAmount/OrderSCnt:
  index=0
  print (MatchInfo[0],"Order Sell Success!")
  break
elif index==-1:
 if OrderBAmount/OrderBCnt>OrderSAmount/OrderSCnt:
  index=0
  print (MatchInfo[0],"Order Buy Success!")
  break
```

技巧 94 【程序】内外盘量反转出场

在前面的章节中，无论是指标函数（参见**技巧 56**、**技巧 57**）以及趋势判断（参见**技巧 73**）都有介绍到内外盘比率。

需要注意的是，若趋势判断、进场条件与出场条件不相同时，则我们在每个时期都会有不同的计算指标；假设趋势判断为大户指标累计量，但出场条件是内外盘，则会依照每个策略的定义；若需要从一开始就计算内外盘指标，则在进场条件判断中就要提前开始计算外盘指标值。

若趋势判断不是通过内外盘指标，则需要考虑该策略的连贯性，否则可能会面临一进场即出场的窘境，造成无谓的损失。

内外盘反转有几种看法：当内外盘比率发生极端值时（例如 80%）进场，出场条件可能就不会设置为 50%反转，而是在一个特定比例（60%；80%～20%）内出场，否则等待到反转时可能已经错过好的出场点了。

以下是内外盘量反转出场的代码。

文件名：94.py

```
# -*- coding: UTF-8 -*-

# 获取报价信息，详情请查看技巧 51
```

```
exec(open('function.py').read())

# 定义指标变量
OutDesk=0
InDesk=0

# 假设目前仓位为买方，进场部分请参考第 7 章
index=1
orderPrice=10300
coverPrice=0

# 获取成交信息
for i in getMatch():
 MatchInfo=i.split(',')
 MatchTime=datetime.datetime.strptime(MatchInfo[0],"%H:%M:%S.%f")
 MatchPrcie=int(MatchInfo[1])
 MatchQty=int(MatchInfo[2])
 UpDn5Info=getLastUpDn5()
 Dn1Price=int(UpDn5Info[1])
 Up1Price=int(UpDn5Info[11])

 if MatchPrcie>=Up1Price:
  OutDesk+=MatchQty
 if MatchPrcie<=Dn1Price:
  InDesk+=MatchQty

 # 出场判断
 if index==1:
  if InDesk>OutDesk:
   index=0
   coverPrice=MatchPrice
   print (MatchInfo[0],"Order Sell Success!")
   break
 elif index==-1:
  if InDesk<OutDesk:
   index=0
   coverPrice=MatchPrice
   print (MatchInfo[0],"Order Buy Success!")
   break

 print (MatchInfo[0],"OutDesk",OutDesk,"InDesk",InDesk)
```

技巧 95 【程序】一分钟爆量出场

交易市场往往是量能带动价格走势，我们在看盘软件上常见的就是以一分钟为单位的量能变动图，本书中也有提到量能的指标计算（见**技巧 53**、**技巧 63**）。

有句俗语：新手看价，高手看量，老手看筹码。我们可以将这句话解读为：量能的迅速剧增，可以大幅地造成价格涨跌，投资人一般会认为该市场行为一旦发生，应该要进入市场大赚一笔（认为是进场信号）。

但读者有没有发现，这个技巧的定位是在出场判断。也就是说，换个角度想，若我们可以将它作为止盈的基础，是不是可以找到一个稳定的获利出场点？爆量时并非不能设定为进场点，但是若没有快速的下单通道，通常都是跟进后成交价位都是处于趋势末端，之后往往找不到合适的出场点，导致徒劳无功。

通过图8-1来看看爆量出场是否合理。

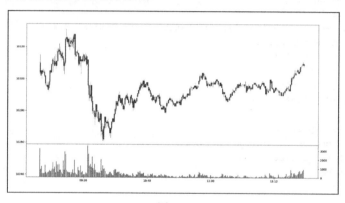

图8-1

在图8-1的9点～10点的时候，有量能爆发的情况。量能爆发应该如何定义，这也是计量回测的功课之一。下面提出几个定义给大家参考。

1．定义固定基准

例如每分钟超过1 000手成交量称为"量能爆发"。

2．计算当日每分钟平均量能

只要突破该平均量能就视为量能爆发，该定义可能会导致不稳定触发，当天若是震荡盘，则有可能误判。

3．计算平均值，并且设置最低界线

若平均值未超过最低界线，则平均值无效；反之，当平均值超过最低界线时，就将该平均值作为爆量基准。

以下为爆量出场的代码，定义固定基准爆量出场值为1 000，分钟累计量一旦突破1 000

就视为出场条件。

文件名：95.py

```python
# -*- coding: UTF-8 -*-

# 获取报价信息，详情请查看技巧 51
exec(open('function.py').read())

# 定义指标变量
Qty=[]
lastHMTime=""
lastAmount=0

# 假设目前仓位为买方，进场部分请参考第 7 章
index=1
orderPrice=10300

# 获取成交信息
for i in getMatch():
  MatchInfo=i.split(',')
  HMTime=MatchInfo[0][0:2]+MatchInfo[0][3:5]
  MatchAmount=int(MatchInfo[3])

  if lastAmount==0:
   lastAmount=MatchAmount
   lastHMTime=HMTime
  if HMTime==lastHMTime:
   Qty=MatchAmount-lastAmount
  else:
   Qty=0
   lastAmount=MatchAmount
   lastHMTime=HMTime

  # 出场判断
  if Qty>=1000:
   if index==1:
    index=0
    print (MatchInfo[0],"Order Sell Success!")
    break
   if index==-1:
    index=0
    print (MatchInfo[0],"Order Buy Success!")
    break

  print (Qty)
```

通过 Python 指令进行爆量出场，过程如下：

```
>python 95.py
0
1
```

```
2
3
...
887

959
984
09:50:48.18 Order Sell Success!
```

技巧 96 【程序】大户指标反转出场

在前面的章节中，无论是指标函数（技巧 66）、趋势判断（技巧 74）以及进场判断（技巧 86）都有介绍到大户指标。需要注意的是，若趋势判断与出场条件的判断指标不相同（假设趋势判断为内外盘，但出场条件是大户指标累计量），则会依照每个策略的定义。若需要从一开始就计算大户指标累计量，则在进场条件判断中就要提前开始计算了。

另外，若进场的趋势判断不是通过大户指标累计量，则需要考虑该策略的连贯性，否则可能会面临反复进出场的窘境，造成无谓的损失。

当大户指标的累计量反转，我们可以判定另外一方的压力已经涌入，这时候必须谨慎判断何时出场。

以下为大户指标反转出场的代码。

文件名：96.py

```
# -*- coding: UTF-8 -*-

# 获取报价信息，详情请查看技巧 51
exec(open('function.py').read())

# 定义指标变量
lastBcnt=0
lastScnt=0
accB=0
accS=0

# 假设目前仓位为买方，进场部分请参考第 7 章
index=1
orderPrice=10300
coverPrice=0

# 获取成交信息
for i in getMatch():
    MatchInfo=i.split(',')
    MatchTime=datetime.datetime.strptime(MatchInfo[0],"%H:%M:%S.%f")
```

```
MatchPrice=int(MatchInfo[1])
MatchQty=int(MatchInfo[2])
MatchBcnt=int(MatchInfo[4])
MatchScnt=int(MatchInfo[5])

if lastBcnt==0 and lastScnt==0:
 lastBcnt=MatchBcnt
 lastScnt=MatchScnt
else:
 diffBcnt=MatchBcnt-lastBcnt
 diffScnt=MatchScnt-lastScnt
 if MatchQty>=10:
  if diffBcnt==1 and diffScnt>1:
   accB+=MatchQty
   print (MatchInfo[0],MatchPrice,MatchQty,0,accB,accS)
  elif diffScnt==1 and diffBcnt>1:
   accS+=MatchQty
   print (MatchInfo[0],MatchPrice,0,MatchQty,accB,accS)

# 出场判断
if index==1:
 if accB<accS:
  index=0
  coverPrice=MatchPrice
  print (MatchInfo[0],"Order Sell Success!")
  break
elif index==-1:
 if accB>accS:
  index=0
  coverPrice=MatchPrice
  print (MatchInfo[0],"Order Buy Success!")
  break
lastBcnt=MatchBcnt
lastScnt=MatchScnt
```

第 9 章
连接券商的即时报价与下单函数

踏进真实市场交易的第一步，就是要取得即时报价，通过算法的逻辑进行价量运算后进行自动下单。券商通常会提供下单的 API 来让使用者接入，但这对于一般使用者较为困难，因此我们提供了 FastOS 程序连接群益期货的报价与下单服务，即可获取报价，并通过命令进行下单与委托查询的动作，创建属于自己的交易系统[①]。

本章将介绍报价的原理与实现，并提供下单程序以及 Python 的接入方式，让投资者可以迅速下单。

技巧 97 【概念】程序交易流程

本技巧介绍实盘交易的流程，回测构建的流程可参考**技巧 41** 和**技巧 42**，虽然回测与实盘交易都是以交易为基础，但是实盘交易比起回测构建更加注重即时信息的获取以及下单的处理方式。

在了解程序交易的流程以前，必须先了解整体的市场交易结构。市场上简易的结构分为几个单位：

- 交易所；
- 券商；
- 信息商；
- 投资人。

上述每个单位都是市场中不可或缺的部分。其中，券商接收投资人的委托，冻结

---

① 国内的交易一般不能直连交易所 API，需要通过期货公司的柜台交易系统（如上期信息 CTP 系统的 API 进行交易接入）。

投资人保证金，向交易所传递委托信息；交易所将会接收委托并进行撮合，发布市场即时信息；信息商负责获取交易所的即时信息，给投资人发布信息，类似于现在的看盘软件；最后投资人接收市场信息，进行交易判断，接着发送委托单给券商。这当中的所有行为都是环环相扣，所以整个市场结构是不断循环的。市场交易结构如图 9-1 所示。

无论是程序交易还是主观交易（即手工交易），都会有3个步骤。

步骤1：取得市场信息。

步骤2：进行交易（主观）判断。

步骤3：发送交易委托。

在上述步骤中，主观交易者会通过看盘软件来完成，而程序交易者则会通过"取报价""算法判断"和"通过程序进行委托"来完成，这些就是程序交易的流程。

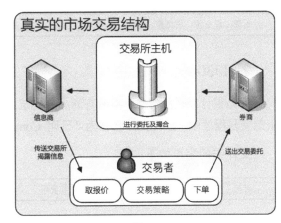

图 9-1

在算法判断当中，本书的目录结构从第 5 章开始也正好是实盘算法的流程，读者可以按章节顺序阅读，了解完整的算法架构。下面列出算法流程。

步骤1：获取报价与设计指标。

步骤2：判断涨跌的趋势。

步骤3：规划进场的时机。

步骤4：设置出场及止损获利的条件。

步骤5：通过程序下单。

技巧 98 【概念】交易所解释信息

台湾期货交易所为了促进市场活跃，并且让交易信息更为透明，配合社会推广"开源数据"与"大数据"，因此会发布逐笔成交信息，以适应当地的期货市场逐笔成交制度，在盘中发布 20 多种不同类型的信息。

对于这么多种类型的即时信息，本书仅介绍与即时价量有关的信息，包括委托信息、成交信息和上下五档价信息。

1. I020

成交价量揭示信息，将逐笔成交信息即时揭露。在本书所附的交易程序中，报价文件名称为"日期_Match.txt"，例如"20170803_ Match.txt"。

文件中的字段如下：

时间，成交价，成交量，总量，成交买笔，成交卖笔，最高价，最低价

2. I030

商品累计委托量信息，将所有商品分别统计委托累计信息，以每 5 秒发布一次。在本书所附的交易程序中，报价文件名称为"日期_Commission.txt"，例如"20170803_Commission.txt"。

文件中的字段如下：

时间，委托买笔，委托买手，委托卖笔，委托卖手

3. I080

最佳上下五档价量信息，是委托簿信息的一部分，期交所用来发布个别商品的最佳五档价量。在本书所附的交易程序中，报价文件名称为"日期_UpDn5.txt"，例如"20170803_UpDn5.txt"。

文件中的字段如下：

时间，下一档价格，下一档数量，下两档价格，下两档数量，下三档价格，下三档数量，下四档价格，下四档数量，下五档价格，下五档数量，上一档价格，上一档数量，上两档价格，上两档数量，上三档价格，上三档数量，上四档价格，上四档数量，上五档价格，上五档数量

技巧 99 【概念】获取报价的方式

在**技巧 51** 中介绍了获取即时报价信息的代码，本技巧将介绍程序交易中获取报价的概念。

接收报价部分属于跨程序的调用，在本书中由 FastOS 来串接 Python。跨程序调用有许多方式，如何应用也是程序交易者必须克服的门槛。

从信息技术的角度来说，目前设计的程序交易系统架构为了符合弹性、多语言兼容

的特性而选择较常用的"文件"传输方案，选择这个方案能降低整个交易系统难度，程序降低程序编写的门槛。因为是文件存取的调用方式，所以交易程序会主动读取报价，而不是被推送数据。

读写报价的交易系统结构如图 9-2 所示。

接着该如何通过文件进行即时报价读取呢？首先，我们必须了解读文件的方式。因为我们只需要"最新"的报价，所以只需要访问文件的尾部信息，这时就该思考如何有效地读取文件的尾部信息，如图 9-3 所示。

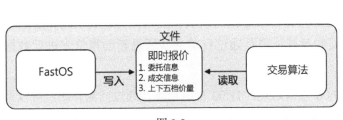

图 9-2

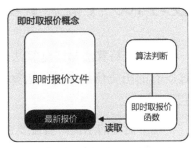

图 9-3

以下是我们建议的解决方案。

（1）通过 Python os 包中的 tail 命令来读取文件。

本方案在 Windows 上并不被支持，该包仅支持 Linux，所以在本书中不介绍。

（2）通过 Python 的 open 函数以及 read 函数来读取文件。

通过 Python 内置的文件读写函数，也能够获取文件内容，并且通过 seek 函数可以设定目前的文件存取访问点，通过这样的方式再自行编写算法，就能够获取最后一笔数据。

通过 seek 函数，必须准确获取最后一笔的数据，才有办法准确地抓出最新一笔数据，而在 Python 中，有公开的外部包，可以直接读取文件的尾部信息，参考下面的方案。

（3）通过 Python 的 tailer 包来读取文件。

tailer 包必须额外安装，具体的安装过程如下。pip 安装详细介绍可以参考**技巧 8**，安装完成后就可以在 Python 中使用了。

```
>pip install tailer
Collecting tailer
  Downloading tailer-0.4.1.tar.gz
Building wheels for collected packages: tailer
  Running setup.py bdist_wheel for tailer ... done
```

```
    Stored in directory: C:\Users\jack\AppData\Local\pip\Cache\wheels\86\30\e9\
ea2c40a0b2cc6369a4d5ad033490d95f4cca5aa7dde15be7ff
Successfully built tailer
Installing collected packages: tailer
Successfully installed tailer-0.4.1
```

tailer 提供了几个相关的函数,可以从文件的尾部读取数据(tail),也可以从文件的头部读取数据(head),还可以跟踪文件变化并读取增长的行(follow)。

本书将通过 Python 的 tailer 包使用即时报价的信息,读者可参考**技巧 51**。

技巧 100 【概念】实盘交易算法与回测算法差异

实盘交易算法与回测算法最大的差异在于数据的获取以及运用方式,回测算法是通过既有的历史信息来进行运算,而实盘算法则是通过目前交易所最新的报价来进行数据获取。

举个简单的示例,假设要在 9:00 准时进场,11:00 准时出场,通过回测算法,可以直接通过当天的历史信息进行筛选,获取最靠近特定时间点的数据。即时算法则必须要不断地去读取当前报价文件的最新数据,直到当前的报价时间超过 11 点才会出场。这两种算法的写法截然不同,读者也可以观察第 4 章以前的示例以及之后实盘流程的交易示例。

除了数据的获取和运用以外,下单部分也是相当重要的。在进行回测时,触发进出场点的动作只是将成交时间和成交价记录下来,并没有触及真正的下单动作。若要真正落实实盘交易的交易所撮合规则,就必须去查看当前的上下五档价,但是也不全然正确,毕竟模拟单没有真正送入交易所委托簿中,我们只能通过历史数据做出最佳判断。若觉得麻烦,可以在回测中设定一个滑点,因为最佳上下一档价通常与成交价相差一点,也是最有可能成交的价位(遇到波动较大的情况,则可能会滑点在一点以上),而一买一卖则会产生两个滑点,更详细的介绍详见**技巧 76**。

另外,因为实盘交易的下单部分会直接影响交易绩效,所以是整个程序交易中需要特别注意的部分。实际下单有以下两个层面需要考虑。

- 能否下单成功。
- 是否能获取相对较佳的成交价位。

以上两点都与下市价单及限价单有关,因为期货市场活跃度高,成交概率非常大,市价单不会考虑能否成交的问题,但往往没办法取得相对较佳的成交价位;限价单则相反,可以设定有相对优势的价位,但能否下单成功仍会成为隐忧。

这些都是程序交易必须经历的，要在绩效与执行力上做出抉择。举个例子来说，假设每次通过市价单交易，一买一卖可能会有 2 个滑点，而通过限价单则不会产生滑点，但是可能会面临委托未成交的情形而错过相对较好的进场点，只能等到下次进场条件触发。

若无法准确下单，则在实际的策略中必须做出相对应的措施，否则会导致交易策略充满不确定性，比如没有触发成交的委托单应该如何处理，也是程序交易中应该要面对的问题。

我们将会在**技巧 108** 中介绍下单命令，尝试解决市价单及限价单之间的矛盾，让投资人提高策略执行力并取得相对较佳的价位。

技巧 101 【概念】下单参数介绍

在本书的策略中，会提供下单程序，在执行程序下单时，需要送出交易相关的参数，执行的命令简称为下单命令，如下所示：

程序名称、商品名称、买或卖、价格、数量和市价或限价、下单条件、是否日内。

例如：

Order.exe TX00 B 11000 1 LMT ROD 1

命令参数介绍如表 9-1 所示。

表 9-1 　　　　　　　　　　下单命令参数

命令参数	说明
程序名称	程序名称指的是传达交易命令的程序，书中提供的程序名称为"Order.exe"
商品合约名称	商品合约名称为交易商品合约的名称，以 2017 年 6 月 30 日的大台指为例，期交所定义的合约名称为 TXFG7，但是按照群益期货所定义的商品合约名称规则当月合约为 TX00，而远月份合约为"TX+月份"，例如：7 月份合约名为"TX07"
买或卖	设置该笔订单是买进（B）还是卖出（S）
价格	设置要买入或卖出的价格，仅在限价单生效。如果是市价单，就可用空值（""）
数量	设置要买入或卖出的合约数量
市价或限价	市价（Market Price，MKT）是指当前市场的价格，限价（Limit Price，LMT）是我们指定成交的价格

续表

命令参数	说明
下单条件	交易参数有 3 个：IOC、FOK 与 ROD。其中，IOC 为 Immediate or Cancel，意为立即成交否则取消（这条命令与 FOK 类似，差别在于允许部分成交）；FOK 为 Fill or Kill，意为全部成交否则取消；ROD 为 Rest of Day，意为当日有效单，即当日收盘前都是有效的。 下单条件要搭配限价或市价使用，一般而言，如果下了市价单（MKT）就会使用下单条件立即成交（IOC）；如果下了限价单（LMT）就会使用下单条件当日成交（ROD）
是否日内交易	日内交易与否牵涉到保证金是否减半，但日内交易也有条件与资格限制，其中 0 表示非日内交易，1 表示日内交易
下单账户	比较特别的是，下单账户没有在下单参数中，会以 FastOS 系统的下单账户选项来定。若当前 FastOS 的交易账户设定为 A 账户，则下单程序会通过 A 账户进行委托；若要通过 B 账户进行委托，则必须修改 FastOS 中的账户选项，如图 9-4 所示[①]。 图 9-4

技巧 102 【概念】实盘委托的市场机制

事件触发（通过算法）后进行的下单动作，不论是开仓或平仓都需要发送交易委托，本技巧将阐述目前实盘委托的市场机制。

下单就是投资人发送委托至券商，经由券商的风控检验[②]后，再送到交易所进行买卖。

---

① 图 9-4 中的"当冲与否"指是否日内交易，交易所可能会对当日和隔日交易收取不同的手续费。
② 此处的风控检验主要涉及持仓和资金方面。

每次进行委托时，券商端会对投资人做扣缴保证金，成功后才会将交易委托送至交易所。

投资人在每次对券商发送委托后，券商会先回传委托回报，委托成功后才会等待交易所撮合，撮合成功后交易所会回传成交回报给券商，券商再回传成交信息给投资人，投资人收到成交回报时，才会确定成交的相关信息，如图9-5所示。

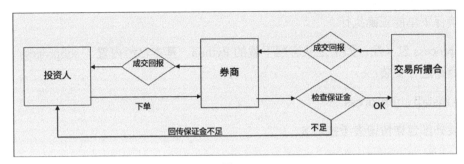

图9-5

如果使用的是"市价单"，并且要买，就会以市场上最佳的卖价成交；如果我们要卖，就会以市场上最佳的买价成交。以台湾指数期货市场而言，只要下市价单就会马上成交，交易所会传回成交信息，流程如图9-6所示。

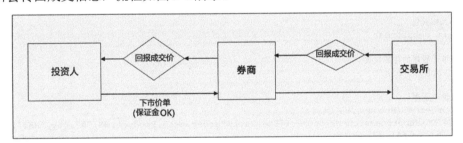

图9-6

如果使用的是"限价单"，就会以我们指定的价格成交。如果市场上有其他委托单触碰到指定委托的价格就会传回成交回报，否则就会一直挂在交易所委托簿之中，如图9-7所示。

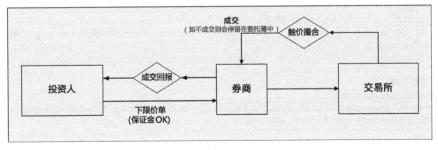

图9-7

技巧 103 【程序】完整下单函数介绍

完整的实际下单函数会包含委托下单、撤销委托、委托查询和下单命令等。以下是笔者提供的下单函数库，通过 subprocess 包进行外部命令的调用，并且取得下单程序的回报值，以确保下单能正确执行。

subprocess 包（注：如果是从官网下载的 Python，基本已经内置了 subprocess 包），通过以下命令进行安装：

pip install subprocess

安装外部包详情请参考**技巧 8**。

以下所提供的代码皆为基本下单应用，读者若有更深入的需求可以自行修改代码。

下单函数库的文件名称为 order.py，内容如下。

文件名：order.py

```python
# -*- coding: UTF-8 -*-

# 导入相关包
import subprocess

# 下单子程序的存放位置
ExecPath="./bin/"

# 市价单下单
def OrderMKT(Product,BS,Qty):
  OrderNo=subprocess.check_output([ExecPath+"order.exe",Product,BS,"0",Qty,"MKT","I OC","0"]).strip('\r\n')
  while True:
    ReturnInfo=subprocess.check_output([ExecPath+"GetAccount.exe",OrderNo]).strip('\ r\n').split(',')
    if len(ReturnInfo)>1:
      return ReturnInfo

# 限价单委托
def OrderLMT(Product,BS,Price,Qty):
  OrderNo=subprocess.check_output([ExecPath+"order.exe",Product,BS,Price,Qty,"LMT", "ROD","0"]).strip('\r\n')
  return OrderNo

# 查询委托明细
def QueryOrder(Keyno):
  ReturnInfo=subprocess.check_output([ExecPath+"GetAccount.exe",Keyno]).strip('\r\ n')
  return ReturnInfo.split(',')

# 查询委托明细
def QueryAllOrder():
```

```
        ReturnInfo=subprocess.check_output([ExecPath+"GetAccount.exe","ALL"]).strip('\r\n').
split('\r\n')
        ReturnInfo= [ line.split(',') for line in ReturnInfo]
        return ReturnInfo

    # 查询未平仓信息
    def QueryOnOpen():
        ReturnInfo=subprocess.check_output([ExecPath+"OnOpenInterest.exe"]).strip('\r\n')
        return ReturnInfo.split(',')

    # 查询权益数信息
    def QueryRight():
        ReturnInfo=subprocess.check_output([ExecPath+"FutureRights.exe"]).strip('\r\n')
        return ReturnInfo.split(',')

    # 撤销委托
    def CancelOrder(Keyno):
        ReturnInfo=subprocess.check_output([ExecPath+"order.exe","Delete",Keyno])
        if "cancel send" in ReturnInfo:
            return True
        else:
            return False

    # 限价转删单
    def LMT2DEL(Product,BS,Price,Qty,Sec):
     OrderNo=OrderLMT(Product,BS,Price,Qty)
     StartTime=time.time()
     while time.time()-StartTime<Sec:
      ReturnInfo=QueryOrder(OrderNo)
      if len(ReturnInfo)!=1:
       return ReturnInfo
     CancelOrder(OrderNo)
     return False

    # 限价转市价
    def LMT2MKT(Product,BS,Price,Qty,Sec):
     OrderNo=OrderLMT(Product,BS,Price,Qty)
     StartTime=time.time()
     while time.time()-StartTime<Sec:
      ReturnInfo=QueryOrder(OrderNo)
      if len(ReturnInfo)!=1:
       return ReturnInfo
     if CancelOrder(OrderNo):
      ReturnInfo=OrderMKT(Product,BS,Qty)
      return ReturnInfo
```

程序内容包含多个下单函数，将分别在本章和第 10 章的函数技巧中介绍。

技巧 104 【程序】发送市价委托函数

本技巧将介绍通过 Python 编写市价委托函数。FastOS 提供了子程序 Order.exe，通过这个子程序就可以进行市价委托，前提是 FastOS 必须先登录群益交易账户。

市价单必须通过 MKT 参数，并在成交价参数中随意输入任何数字，不可忽略该参数。

在以下的市价委托函数代码中，会去执行外部命令 Order.exe，执行后就成功委托了。需要注意的是子程序放置的位置，若在 Python 中没有将子程序路径设置好，则无法正确执行。外部程序 Order.exe 的文件位置在当前目录下的 bin 目录中，而市价单函数会执行的动作为：

- 执行市价单委托。

- 取委托明细，查询至成交回报委托明细。

文件名：order.py @市价单下单

```
# -*- coding: UTF-8 -*-

# 导入相关包
import subprocess

# 下单子程序的存放位置
ExecPath="./bin/"

# 市价单下单
def OrderMKT(Product,BS,Qty):
    OrderNo=subprocess.check_output([ExecPath+"order.exe",Product,BS,"0",Qty,"MKT","I OC","0"]).strip('\r\n')
    while True:
      ReturnInfo=subprocess.check_output([ExecPath+"GetAccount.exe",OrderNo]).strip('\ r\n').split(',')
      if len(ReturnInfo)>1:
        return ReturnInfo
```

执行下单委托，在 Python 中的执行过程如下：

```
>>> OrderMKT('TX00','B','1')
['0610034000396', '\xa6\xa8\xa5\xe6', 'FITX 201710', '\xb6R', '10437', '1',
 '09:29:46', 'F020000', '0000693', 'TW', 'u0025', '', '', '70000351', '0000000', '8888',
'\xa5\xbf\xb1`']
```

回传的是成交信息的 list 对象。

技巧 105 【程序】发送限价委托函数

本技巧将介绍用 Python 进行限价委托。FastOS 提供了子程序 Order.exe，可以进行限价委托。限价委托与市价委托的不同点在于，限价委托并不会立即成交，所以 FastOS 当初在设计子程序时，限价委托不会等待成交回报，而是直接回传委托序列号。

委托序列号是券商提供给投资人每笔委托的辨识码，通过该码可以进行委托查询等相关操作。

获取委托序列号后，通过 Python 去获取委托信息，确认是否成交，否则当限价委托不断等待成交回报时会造成程序瘫痪。举例来说：当前成交价为 10 100，而我们下了 10 000 的限价买单（不会成交的情况），这时如果子程序等待限价单成交回报，则整个策略程序会维持在等待成交回报的无限循环之中，无法继续进行任何动作。

以下是限价委托函数的代码：

文件名：order.py @限价单委托

```
# -*- coding: UTF-8 -*-

# 导入相关包
import subprocess

# 下单子程序的存放位置
ExecPath="./bin/"

# 限价单委托
def OrderLMT(Product,BS,Price,Qty):
    OrderNo=subprocess.check_output([ExecPath+"order.exe",Product,BS,Price,Qty,"LMT","ROD","0"]).strip('\r\n')
    return OrderNo
```

在 Python 中执行下单过程如下，回传的是委托序列号，获取该序列号后，可以对该笔委托进行委托查询：

```
>>> OrderLMT('TX00','B','10444','1')
'0610034000500'
>>> OrderLMT('TX00','B','10449','1')
'0610034000502'
```

委托查询会在下个技巧中进行介绍。

技巧 106 【程序】获取单笔委托明细

获取单笔成交信息，在策略中通常用来查询限价单是否成交，也是交易命令中必须用到的，因为限价单存在不会成交的风险，所以要分别进行委托并需要提取委托明细来确保策略程序稳定执行。

回报的字符串内容以","分隔每一个字段，字段依序为：①委托序列号、②状态、③商品代号、④多空、⑤价格、⑥手数、⑦时间、⑧分公司代号、⑨交易账号、⑩交易所、⑪委托书号、⑫异动变更前量、⑬异动变更后量、⑭成交序列号、⑮子账号、⑯营业员编号和⑰委托状态。

以下是获取单笔委托明细的代码。

文件名：order.py@查询委托明细

```
# -*- coding: UTF-8 -*-

# 导入相关包
import subprocess

# 下单子程序的存放位置
ExecPath="./bin/"

# 查询委托明细
def QueryOrder(Keyno):
    ReturnInfo=subprocess.check_output([ExecPath+"GetAccount.exe",Keyno]).strip('\r\ n')
    return ReturnInfo.split(',')
```

在 Python 中，执行过程如下：

```
>>> OrderLMT('TX00','B','10444','1')
'0610034000500'
>>> QueryOrder('0610034000500')
['Nodata']
>>> OrderLMT('TX00','B','10449','1')
'0610034000502'
>>> QueryOrder('0610034000502')
['0610034000502', '\xa6\xa8\xa5\xe6', 'FITX 201710', '\xb6R', '10449', '1',
'09:39:10', 'F020000', '0000693', 'TW', 'o0029', '', '', '70000447', '0000000',
'8888', '\xa5\xbf\xb1`']
```

若未成交，则会回传 Nodata 字符串；若成交，则会回传成交明细。

技巧 107 【程序】撤销委托函数

撤销委托函数是指当委托无法成交或改变交易内容时可以使用的命令。当委托成交后，无法撤销委托。

撤销委托需要提交委托序列号才能准确执行，常搭配交易命令使用。

以下是撤销委托的代码。

文件名：order.py@撤销委托

```
# -*- coding: UTF-8 -*-

# 导入相关包
import subprocess

# 下单子程序的存放位置
ExecPath="./bin/"

# 撤销委托
def CancelOrder(Keyno):
 ReturnInfo=subprocess.check_output([ExecPath+"order.exe","Delete",Keyno])
 if "cancel send" in ReturnInfo:
  return True
 else:
  return False
```

在 Python 中，执行过程如下：

```
>>> OrderLMT('TX00','B','10444','1')
'0610034000500'
>>> QueryOrder('0610034000500')
['Nodata']
>>> CancelOrder('0610034000500')
True
>>> CancelOrder('0610034000500')
False
```

若回传字符串中有"cancel send"字符串，则认定撤单成功。

技巧 108 【概念】认识交易命令

目前市场上既有的交易框架就是券商提供的下单函数：市价单和限价单。既然都已经踏入了程序交易的领域，就应该能通过程序语言（本书以 Python 为例）延伸出更多交易函数的组合。

在**技巧 100** 中提到市价单和限价单之间的矛盾之处，也就是成交价位与成交成功率的问题，而交易命令就是用来解决这个问题的。

在市价单与限价单的选择中，可以衍生出折中方案"交易命令"，当我们自行编写程序交易时，可以通过券商提供的交易命令再进行延伸。后面将会介绍简易的委托、删单功能以及一些初级衍生的交易指令，例如限价单到期转市价单、限价单到期转撤单。

按照策略，我们应该能够搭配不同的交易命令来做配合。假设目前的策略不是通过价格或量来计算指标,在进出场时价格的波动就不会那么大,这时就可以通过限价单来进场。若是通过价或量计算指标的策略,则必须使用"限价单到期转市价单";对于小波段投资,当没有在第一时间成交时,就可以考虑"限价单到期撤单"的交易命令。

本章后面的技巧将会介绍一些交易命令,让读者了解交易命令的编写方式,读者也可以依照自己的需求进一步修改。

技巧 109 【程序】限价单到期转市价单

"限价单到期转市价单"是交易指令的应用,也就是把券商的下单函数、自己的程序算法搭配使用。

本技巧通过限价单委托,发送委托后检测是否成交。若限价委托成交就直接传送成交回报;若未成交,到我们设定的秒数后,就转市价委托进行追单。

该函数为 LMT2MKT,参数为交易商品合约、买卖、价格、量以及到期秒数,执行函数的语法如下:

LMT2MKT('TX00','B','10510','1',10)

该函数代表以 10 510 的限价下了一手大台指数期货的买单,若在 10 秒内没有成交,则会将限价委托撤销,转为市价单。

以下为限价单到期转市价单的代码,其中会用到本章的其他函数,详情可查看示例文件 order.py。

文件名:order.py @ 限价转市价

```
# -*- coding: UTF-8 -*-

# 导入相关包
import subprocess

# 下单子程序的存放位置
ExecPath="./bin/"

# 限价转市价
def LMT2MKT(Product,BS,Price,Qty,Sec):
 OrderNo=OrderLMT(Product,BS,Price,Qty)
 StartTime=time.time()
 while time.time()-StartTime<Sec:
  ReturnInfo=QueryOrder(OrderNo)
  if len(ReturnInfo)!=1:
   return ReturnInfo
```

```
if CancelOrder(OrderNo):
 ReturnInfo=OrderMKT(Product,BS,Qty)
 return ReturnInfo
```

在 Python 中执行限价单到期转市价单的过程如下：

```
>>> LMT2MKT('TX00','B','10444','1',10)
['0610034000509', '\xa6\xa8\xa5\xe6', 'FITX 201710', '\xb6R', '10444', '1',
'09:39:59', 'F020000', '0000693', 'TW', 'x0032', '', '', '70000452', '0000000',
'8888', '\xa5\xbf\xb1`']
>>> LMT2MKT('TX00','B','10400','1',10)
['0610034000612', '\xa6\xa8\xa5\xe6', 'FITX 201710', '\xb6R', '10456', '1',
'10:01:46', 'F020000', '0000693', 'TW', 'o0035', '', '', '70000552', '0000000',
'8888', '\xa5\xbf\xb1`']
```

技巧 110 【程序】限价单到期撤单

本技巧与上述技巧的代码差异不大，只是将最后程序的市价单委托去掉，限价单到期后就撤销委托。

在用途上，两者是不太一样的。限价单到期撤单意味着这次进场没有成交，不做交易，通常用于高频交易。在高频交易中，我们会寻求最佳的进场时机，若这次没有进场，则会再寻找其他机会，而不是义无反顾地跟进。

本技巧通过限价单委托，在发送委托后检测是否成交。若限价委托成交，就直接传送成交回报；若未成交，到我们设定的秒数后就强制撤销委托。

该函数为 LMT2DEL，参数为交易商品合约、买卖、价格、量以及到期秒数，执行函数的语法如下：

LMT2DEL('TX00','B','10510','1',10)

该函数代表以 10 510 的限价下了一手大台指数期货的买单，若在 10 秒内没有成交，则会将限价委托撤销，转为市价单。

以下是限价单到期删单的代码，其中会用到本章的其他函数，详情可查看示例文件 order.py。

文件名：order.py@限价转撤单

```
# -*- coding: UTF-8 -*-

# 导入相关包
```

```python
import subprocess

# 下单子程序的存放位置
ExecPath="./bin/"

# 限价转撤单
def LMT2DEL(Product,BS,Price,Qty,Sec):
 OrderNo=OrderLMT(Product,BS,Price,Qty)
 StartTime=time.time()
 while time.time()-StartTime<Sec:
  ReturnInfo=QueryOrder(OrderNo)
  if len(ReturnInfo)!=1:
   return ReturnInfo
 CancelOrder(OrderNo)
 return Canceled
```

在 Python 中执行限价单到期转市价单的过程如下：

```
>>> LMT2DEL('TX00','B','10444','1',10)
['0610034000423', '\xa6\xa8\xa5\xe6', 'FITX 201710', '\xb6R', '10444', '1',
'09:32:09', 'F020000', '0000693', 'TW', 'm0025', '', '', '70000376', '0000000',
'8888', '\xa5\xbf\xb1`']
>>> LMT2DEL('TX00','B','10440','1',10)
Canceled
```

第 10 章
实盘交易与账务管理

本章提供实盘交易的完整策略，都是由第 5～9 章的内容整合而来。代码是进行实盘交易的代码，必须通过 FastOS 下单机下单，所以读者必须先通过账户登录 FastOS 下单机。另外，本章将会介绍委托查询，通过 Python 串接委托查询功能。

本示例所提供的实盘交易策略着重于交易流程的展示，并不保证能够稳定获利，读者可以通过示例去进行扩展，但不建议直接用于实盘交易。

技巧 111 【程序】固定时间买进卖出策略

该策略是通过固定时间点买进卖出，并设置止损/止盈点，而开仓一律是买进，交易逻辑如下。

1. 进场

每日的 9 点进场（参考**技巧 79**）。

2. 出场

进场后，逐笔查看是否触发止损/止盈价位（进场成交价的上下 10 点）则立即出场（参考**技巧 88**），最晚 10 点出场。

以下为固定时间买进卖出策略的代码。

文件名：110.py

```
# -*- coding: UTF-8 -*-

# 获取报价信息，详情请查看技巧 51
exec(open('function.py').read())
```

```python
# 获取下单函数，详情请查看技巧103
exec(open('order.py').read())

# 设置开始时间及结束时间
startTime=datetime.datetime.strptime('09:00:00.00',"%H:%M:%S.%f")
endTime=datetime.datetime.strptime('10:00:00.00',"%H:%M:%S.%f")

# 设置初始仓位，若为0，则为空仓
index=0
orderTime=0
orderPrice=0
coverTime=0
coverPrice=0
# 定义指标变量
stopLoss=10
takeProfit=10

# 进场判断
for i in getMatch():
 MatchInfo=i.split(',')
 MatchTime=datetime.datetime.strptime(MatchInfo[0],"%H:%M:%S.%f")
 MatchPrice=int(MatchInfo[1])
 # 时间到则进场
 if MatchTime>=startTime:
  index=1
  orderInfo=OrderMKT('TX00','B','1')
  orderTime=orderInfo[6]
  orderPrice=int(orderInfo[4])
  print (orderTime,"Order Buy Success! Price:",orderPrice)
  break

# 出场判断
for i in getMatch():
 MatchInfo=i.split(',')
 MatchTime=datetime.datetime.strptime(MatchInfo[0],"%H:%M:%S.%f")
 MatchPrice=int(MatchInfo[1])

 if index==1:
  # 止损/止盈判断
  if MatchPrice>=orderPrice+takeProfit or MatchPrice<=orderPrice-stopLoss:
   index=0
   coverInfo=OrderMKT('TX00','S','1')
   coverTime=coverInfo[6]
   coverPrice=int(coverInfo[4])
   print (coverTime,"Order Sell Success! Price:",coverPrice)
   break
 # 时间到则出场
  if MatchTime>=endTime:
   index=0
   coverInfo=OrderMKT('TX00','S','1')
   coverTime=coverInfo[6]
   coverPrice=int(coverInfo[4])
```

```
    print (coverTime,"Order Sell Success! Price:",coverPrice)
    break
```

技巧 112 【程序】顺势交易策略(海龟策略)

该策略就是突破高低点区间顺势交易的策略。

1. 进场

9 点以后开始判断进场,进场条件是突破 9 点以前的高低点加上高低点的价差。例如 9 点以前的高、低点分别为 10 530、10 500,价差为 30 点,则 9 点以后必须向上突破 10 560 (10 530 + 30)才进行顺势买进,向下突破 10 470(10 500 − 30)才进行顺势做空,详情参考**技巧 85**。若到了 10 点尚未进场,则当日不进行交易。

2. 出场

出场则是设置固定 10 点止损(参考**技巧 88**)以及价格回跌止盈(参考**技巧 89**)。以买单新仓为例,若市场当前价高于进场价位 20 点,则开始计算最高价位,接着只要当价格回跌至最高获利点位的 75%则获利出场。若没有接触到止损获利点,则最后会在结束时间 12 点出场。以下为顺势交易策略的代码。

文件名:111.py

```
# -*- coding: UTF-8 -*-

# 获取报价信息,详情请查看技巧 51
exec(open('function.py').read())
# 获取下单函数,详情请查看技巧 103
exec(open('order.py').read())

# 设定上下界
trendEndTime=datetime.datetime.strptime("09:00:00.00","%H:%M:%S.%f")
highPoint=0
lowPoint=0
spread=0
# 进出场时间限制
orderLimitTime=datetime.datetime.strptime("10:00:00.00","%H:%M:%S.%f")
coverLimitTime=datetime.datetime.strptime("12:00:00.00","%H:%M:%S.%f")

# 设置初始仓位,若为 0,则为空仓
index=0
orderTime=0
orderPrice=0
```

```python
 coverTime=0
 coverPrice=0
 # 定义指标变量
 stopLoss=10
 takeProfit=20
 maxProfit=0
 fallBack=0.75

 # 获取高低点
 for i in getMatch():
  MatchInfo=i.split(',')
  MatchTime=datetime.datetime.strptime(MatchInfo[0],"%H:%M:%S.%f")
  MatchHigh=int(MatchInfo[6])
  MatchLow=int(MatchInfo[7])
  if MatchTime>=trendEndTime:
   highPoint=MatchHigh
   lowPoint=MatchLow
   spread=highPoint-lowPoint
   break

 # 显示上下界,突破则顺势入场
 print ("HighPoint",highPoint,"LowPoint",lowPoint,"Spread",spread)

 # 进场判断
 for i in getMatch():
  MatchInfo=i.split(',')
  MatchTime=datetime.datetime.strptime(MatchInfo[0],"%H:%M:%S.%f")
  MatchPrice=int(MatchInfo[1])
  # 顺势做多
  if MatchPrice>highPoint+spread:
   index=1
   orderInfo=OrderMKT('TX00','B','1')
   orderTime=orderInfo[6]
   orderPrice=int(orderInfo[4])
   print (orderTime,"Order Buy Success! Price:",orderPrice)
   break
  # 顺势做空
  elif MatchPrice<lowPoint-spread:
   index=-1
   orderInfo=OrderMKT('TX00','S','1')
   orderTime=orderInfo[6]
   orderPrice=int(orderInfo[4])
   print (orderTime,"Order Sell Success! Price:",orderPrice)
   break
  # 若到 10 点尚未进场,则当日不交易
  if MatchTime>orderLimitTime:
   print ("No Order")
   sys.exit(0)

 # 出场判断
 for i in getMatch():
  MatchInfo=i.split(',')
  MatchTime=datetime.datetime.strptime(MatchInfo[0],"%H:%M:%S.%f")
```

```
MatchPrice=int(MatchInfo[1])
if index==1:
 # 记录最高点，进行止盈出场判断
 currentProfit=MatchPrice-orderPrice
 if currentProfit>=max(takeProfit,maxProfit):
  maxProfit=currentProfit
 if maxProfit>0 and maxProfit*fallBack>currentProfit:
  index=0
  coverInfo=OrderMKT('TX00','S','1')
  coverTime=coverInfo[6]
  coverPrice=int(coverInfo[4])
  print (coverTime,"Order Sell Success! Price:",coverPrice)
  break
 # 止损出场
 if currentProfit<(stopLoss*-1):
  index=0
  coverInfo=OrderMKT('TX00','S','1')
  coverTime=coverInfo[6]
  coverPrice=int(coverInfo[4])
  print (coverTime,"Order Sell Success! Price:",coverPrice)
  break
 # 到达结束时间，自动出场
 if MatchTime>coverLimitTime:
  index=0
  coverInfo=OrderMKT('TX00','S','1')
  coverTime=coverInfo[6]
  coverPrice=int(coverInfo[4])
  print (coverTime,"Order Sell Success! Price:",coverPrice)
  break
elif index==-1:
 # 记录最高点，进行止盈出场判断
 currentProfit=orderPrice-MatchPrice
 if currentProfit>=max(takeProfit,maxProfit):
  maxProfit=currentProfit
 if maxProfit>0 and maxProfit*fallBack>currentProfit:
  index=0
  coverInfo=OrderMKT('TX00','B','1')
  coverTime=coverInfo[6]
  coverPrice=int(coverInfo[4])
  print (coverTime,"Order Buy Success! Price:",coverPrice)
  break
 # 止损出场
 if currentProfit<(stopLoss*-1):
  index=0
  coverInfo=OrderMKT('TX00','B','1')
  coverTime=coverInfo[6]
  coverPrice=int(coverInfo[4])
  print (coverTime,"Order Buy Success! Price:",coverPrice)
  break
 # 到达结束时间，自动出场
 if MatchTime>coverLimitTime:
  index=0
  coverInfo=OrderMKT('TX00','B','1')
```

```
coverTime=coverInfo[6]
coverPrice=int(coverInfo[4])
print (coverTime,"Order Buy Success! Price:",coverPrice)
break
```

技巧 113 【程序】MA 交叉买进卖出策略

该策略就是常见的 MA 交易策略，通过逐笔信息计算。该策略一天当中仅交易一次，若要来回进行多次交易，则可在策略进出场判断之外再使用一层循环，如下所示：

```
# 判断是否再次进场，例如：在 12 点以前持续交易
while 时间小于 12 点 :
  # 进场条件判断
  while index=0:
    ...
  # 出场条件判断
  while index!=0:
    ...
```

MA 策略的交易逻辑如下。

1. 进场

通过委托量判断当日趋势，通过 3 个时间点来进行判断，分别为 8:50、9:00、9:03，趋势判断可参考**技巧 56**。

趋势判断完成后，与 10MA 比较价格，以趋势看涨为例，价格向上突破 MA 则买进，详情可参考**技巧 65**。

2. 出场

出场与进场的方式一样都是通过 MA 交叉来判断；不同的是，买进是价格向上突破 MA，平仓则是价格向下突破 MA，可参考**技巧 73**。

以下是 MA 交叉买进卖出策略的代码。

文件名：112.py

```
# -*- coding: UTF-8 -*-

# 获取报价信息，详情请查看技巧 51
exec(open('function.py').read())
# 获取下单函数，详情请查看技巧 103
exec(open('order.py').read())
```

```python
# 定义趋势判断时间
trendTime1=datetime.datetime.strptime('08:50:00.00',"%H:%M:%S.%f")
trendTime2=datetime.datetime.strptime('09:00:00.00',"%H:%M:%S.%f")
trendTime3=datetime.datetime.strptime('09:03:00.00',"%H:%M:%S.%f")
trendNum=0
trend=0

# 设置指标变量
MAarray=[]
MAnum=10
lastHMTime=""
lastMAValue=0
lastPrice=0

# 设置初始仓位,若为 0,则为空仓
index=0
orderTime=0
orderPrice=0
coverTime=0
coverPrice=0

# 判断趋势
for i in getOrder():
 OrderInfo=i.split(',')
 OrderTime=datetime.datetime.strptime(OrderInfo[0],"%H:%M:%S.%f")
 OrderBCnt=int(OrderInfo[1])
 OrderBAmount=float(OrderInfo[2])
 OrderSCnt=int(OrderInfo[3])
 OrderSAmount=float(OrderInfo[4])

 # 趋势判断 1
 if OrderTime>=trendTime1 and trendNum==0:
  if OrderBAmount/OrderBCnt > OrderSAmount/OrderSCnt:
   trend+=1
  elif OrderBAmount/OrderBCnt < OrderSAmount/OrderSCnt:
   trend-=1
  trendNum+=1
  print (OrderInfo[0],"B",OrderBAmount/OrderBCnt,"S",OrderSAmount/OrderSCnt)

 # 趋势判断 2
 if OrderTime>=trendTime2 and trendNum==1:
  if OrderBAmount/OrderBCnt > OrderSAmount/OrderSCnt:
   trend+=1
  elif OrderBAmount/OrderBCnt < OrderSAmount/OrderSCnt:
   trend-=1
  trendNum+=1
  print (OrderInfo[0],"B",OrderBAmount/OrderBCnt,"S",OrderSAmount/OrderSCnt)

 # 趋势判断 3
 if OrderTime>=trendTime3 and trendNum==2:
  if OrderBAmount/OrderBCnt > OrderSAmount/OrderSCnt:
   trend+=1
  elif OrderBAmount/OrderBCnt < OrderSAmount/OrderSCnt:
   trend-=1
  print (OrderInfo[0],"B",OrderBAmount/OrderBCnt,"S",OrderSAmount/OrderSCnt)
  break
```

```python
# 进场判断
for i in getMatch():
 MatchInfo=i.split(',')
 HMTime=MatchInfo[0][0:2]+MatchInfo[0][3:5]
 MatchPrice=int(MatchInfo[1])

 # 计算MA
 if len(MAarray)==0:
  MAarray+=[MatchPrice]
  lastHMTime=HMTime
 else:
  if HMTime==lastHMTime:
   MAarray[-1]=MatchPrice
  elif HMTime!=lastHMTime:
   if len(MAarray)<MAnum:
    MAarray+=[MatchPrice]
   elif len(MAarray)==MAnum:
    MAarray=MAarray[1:]+[MatchPrice]
   lastHMTime=HMTime

 # 当MA计算完成后,开始进场判断
 if len(MAarray)==MAnum :
  MAValue=float(sum(MAarray))/len(MAarray)
  if lastMAValue==0 and lastPrice==0:
   lastMAValue=MAValue
   lastPrice=MatchPrice
   continue
  print ("Price",MatchPrice,"MA",MAValue)
  # 多方进场判断
  if trend>=1:
   # 当价格向上突破MA
   if MatchPrice>MAValue and lastPrice<=lastMAValue:
    index=1
    orderInfo=OrderMKT('TX00','B','1')
    orderTime=orderInfo[6]
    orderPrice=int(orderInfo[4])
    print (orderTime,"Order Buy Success! Price:",orderPrice)
    break
  # 空方进场判断
  elif trend<=-1:
   # 当价格向下突破MA
   if MatchPrice<MAValue and lastPrice>=lastMAValue:
    index=1
    orderInfo=OrderMKT('TX00','S','1')
    orderTime=orderInfo[6]
    orderPrice=int(orderInfo[4])
    print (orderTime,"Order Sell Success! Price:",orderPrice)
    break
  lastMAValue=MAValue
  lastPrice=MatchPrice

# 出场判断
for i in getMatch():
 MatchInfo=i.split(',')
 HMTime=MatchInfo[0][0:2]+MatchInfo[0][3:5]
```

```
MatchPrice=int(MatchInfo[1])

# 计算MA
if len(MAarray)==0:
 MAarray+=[MatchPrice]
 lastHMTime=HMTime
else:
 if HMTime==lastHMTime:
  MAarray[-1]=MatchPrice
 elif HMTime!=lastHMTime:
  if len(MAarray)<MAnum:
   MAarray+=[MatchPrice]
  elif len(MAarray)==MAnum:
   MAarray=MAarray[1:]+[MatchPrice]
  lastHMTime=HMTime

# MA计算后出场判断
if len(MAarray)==MAnum :
 MAValue=float(sum(MAarray))/len(MAarray)
 if lastMAValue==0 and lastPrice==0:
  lastMAValue=MAValue
  lastPrice=MatchPrice
  continue
 print ("Price",MatchPrice,"MA",MAValue)
 # 当价格向下穿越MA，则出场
 if index==1:
  if MatchPrice<MAValue and lastPrice>=lastMAValue:
   index=0
   coverInfo=OrderMKT('TX00','S','1')
   coverTime=coverInfo[6]
   coverPrice=int(coverInfo[4])
   print (coverTime,"Order Sell Success! Price:",coverPrice)
   break
 # 当价格向上穿越MA，则出场
 elif index==-1:
  if MatchPrice>MAValue and lastPrice<=lastMAValue:
   index=0
   coverInfo=OrderMKT('TX00','B','1')
   coverTime=coverInfo[6]
   coverPrice=int(coverInfo[4])
   print (coverTime,"Order Buy Success! Price:",coverPrice)
   break
 lastMAValue=MAValue
 lastPrice=MatchPrice
```

技巧114 【概念】何谓账务

账务也就是投资人目前的账户信息，其中包含了常用的权益数、交易记录和未平仓记录。权益数代表投资人目前可动用的资金。

通过账户类查询，可以了解自己的账户信息，甚至可以在策略中进行动态净值的计算。

FastOS 提供了委托查询、未平仓查询和权益数查询的相关子程序。

技巧 115 【程序】获取总委托明细

在第 9 章中已介绍过如何查询单笔委托明细，但在本技巧中是一次性将所有委托明细取出，我们可以通过这项功能来记录自己每天的交易，返回值请参考**技巧 106** 单笔委托查询。

以下为获取总委托明细的代码。

文件名：order.py@ 查询总委托明细

```python
# -*- coding: UTF-8 -*-

# 导入相关包
import subprocess

# 下单子程序的存放位置
ExecPath="./bin/"

# 查询总委托明细
def QueryAllOrder():
    ReturnInfo=subprocess.check_output([ExecPath+"GetAccount.exe","ALL"]).strip('\r\ n').split('\r\n')
    ReturnInfo= [ line.split(',') for line in ReturnInfo]
    return ReturnInfo
```

在 Python 中，执行获取总委托明细的过程如下：

```
>>> QueryAllOrder()
[['0610034000001', '\xa6\xa8\xa5\xe6', 'FITX 201710', '\xb6R', '10470', '1',
'08:46:03', 'F020000', '0000693', 'TW', 'x0001', '', '', '70000001', '0000000',
'8888', '\xa5\xbf\xb1`'],
['0610034000002', '\xa6\xa8\xa5\xe6', 'FITX 201710', '\xbd\xe6', '10467', '1',
'08:46:08', 'F020000', '0000693', 'TW', 'x0002', '', '', '70000002', '0000000',
'8888', '\xa5\xbf\xb1`'],
...
...
```

技巧 116 【程序】获取未平仓明细

未平仓明细代表目前投资人持仓的部位，数据内容以 "," 分隔每一个字段，字段依序为：市场类别、账号、商品、买卖类型、未平仓部位、当日未平仓部位、平均成本（3 位小数）、每点价值、单次手续费、交易税。

下面通过 Python 的子程序 OnOpenInterest.exe 来进行未平仓查询。

文件名：order.py@ 查询未平仓信息

```
# -*- coding: UTF-8 -*-

# 导入相关包
import subprocess

# 下单子程序的存放位置
ExecPath="./bin/"

# 查询未平仓信息
def QueryOnOpen():
  ReturnInfo=subprocess.check_output([ExecPath+"OnOpenInterest.exe"]).strip('\r\n')
  return ReturnInfo.split(',')
```

在 Python 中获取未平仓明细的执行过程如下：

```
>>> QueryOnOpen()
['TF', 'F0200000000693', 'TX10', 'B', '27', '3', '10444667', '200', '90', '2.5']
>>>
```

技巧 117 【程序】获取权益数

可用资金数即目前账户里可动用的资金量，通过权益数的查询，可以判断目前可以交易的合约数量，并做好资金量管控。

权益数可以扩展委托动态净值，通过程序去计算目前的动态损益。

返回的字符串内容以","分隔每一个字段，字段依序为：

账户余额、浮动损益、已实现费用、交易税、预扣权利金、权利金收付、权益数、超额保证金、存提款、买方市值、卖方市值、期货平仓损益、盘中未实现、原始保证金、维持保证金、持仓原始保证金、持仓维持保证金、委托保证金、超额最佳保证金、权利总值、预扣费用、原始保证金、昨日余额、期权组合单加不加收保证金、维持率、币种、足额原始保证金、足额维持保证金、足额可用、抵缴金额、有价可用、超额保证金、足额现金可用、有价价值、风险指标、期权到期差异、期权到期差损、期货到期损益和追加保证金。

以下为权益数的查询函数代码。

文件名：order.py@查询权益数信息

```python
# -*- coding: UTF-8 -*-

# 导入相关包
import subprocess

# 下单子程序放置位置
ExecPath="./bin/"

# 查询权益数信息
def QueryRight():
    ReturnInfo=subprocess.check_output([ExecPath+"FutureRights.exe"]).strip('\r\n')
    return ReturnInfo.split(',')
```

查询权益数在 Python 中的执行过程如下，其中关于个人信息的部分用代字号（×××××）代替，主要供读者了解权益数查询。

```
>>> QueryRight()
['+000000XXXXX00', '+0000000000000', '+0000000000000', '+0000000000000',
'+0000000000000', '+0000000000000', '+000000XXXXX00', '+000000XXXXX00',
'+0000000000000', '+0000000000000', '+0000000000000', '+0000000000000',
'+0000000000000', '+0000000000000', '+0000000000000', '+0000000000000',
'+0000000000000', '+0000000000000', '+000000XXXXX00', '+000000XXXXX00',
'+0000000000000', '+0000000000000', '+000000XXXXX00', 'Y ', '000000000', 'NTD',
'+0000000000000', '+0000000000000', '+00000 XXXXXX00', '+0000000000000',
'+0000000000000', '+00000XXXXXX00', '+00000XXXXX00', '+0000000000000',
'000000000', '+0000000000000', '+0000000000000', '+0000000000000',
+0000000000000']
```